주머니 속

민물고기
도감

□ 사진 도와 주신 분

유동욱 · 이성호 · 이원구 · 전형배 님께 감사드립니다.

□ 일러두기

1. 우리 나라에서 채집되어 표본으로 정리된 민물고기 중 순수 담수어 117종을 담았습니다.

2. 사는 곳을 크게 계곡, 하천, 고인 물로 나누어 현장에서 관찰할 때 도움이 되도록 했습니다.

3. 이 책에 표기한 '하천'은 큰 강과 내를 아우르는 큰 물줄기를 뜻하며, 여울이나 시내, 개울, 강 등은 물고기의 생활 환경을 정확히 나타내기 어려워 물 흐름의 속도를 기준으로 삼았습니다. 상류와 중류에 걸쳐 사는 종은 주로 생활하는 곳으로 분류했습니다.

4. 이 책에 표기한 상 · 중 · 하류는 물줄기의 특성에 따라 많이 다릅니다. 예를 들어 상류지만 물 흐름이 느린 곳도 있고, 하류지만 물 흐름이 **빠른** 곳도 있으며, 강으로 보았을 때는 상류인 곳이 개울로 보았을 때는 하류일 수도 있습니다.

5. '모양으로 쉽게 찾기'를 덧붙여 사는 곳은 다르지만 모양이 비슷한 물고기들을 구별하기 쉽게 배려했습니다.

6. '사는 곳'은 사는 곳의 환경을 모래, 자갈, 물풀 지대 등 구체적으로 나타냈으며, 국내외의 서식 여부는 '분포'에 표기했습니다.

7. 자연 상태의 모습을 보여 주기 위해 현장에서 촬영한 사진을 주로 사용했으며, 촬영이 어려운 일부 종은 어항에서 촬영했습니다.

8. 이 책에 표기된 학명, 물고기의 구조, 용어 해설 등은 『한국동식물도감 동물편(담수어류)』(1997)과 전북대학교 자연과학대학 생물과학부의 '한국 담수어류 데이터베이스'를 인용했습니다.

생태 탐사의 길잡이 7

주머니 속
민물고기
도감

윤순태 글과 사진

황소걸음
Slow & Steady

주머니 속
**민물고기
도감**

펴낸날 2007년 9월 20일 초판 1쇄

2022년 4월 28일 초판 4쇄

지은이 윤순태

만들어 펴낸이 정우진 강진영 김지영

꾸민이 Moon&Park(dacida@hanmail.net)

펴낸곳 04091 서울 마포구 토정로 222 한국출판콘텐츠센터 420호

편집부 (02) 3272-8863

영업부 (02) 3272-8865

팩 스 (02) 717-7725

이메일 bullsbook@hanmail.net / bullsbook@naver.com

등 록 제22-243호(2000년 9월 18일)

ISBN 978-89-89370-56-7 06490

황소걸음
Slow&Steady

나 때문에 죽어 간 물 속 생명들에게
미안한 마음을 전하며

20년 전, 한 저수지에서 낚시할 때였습니다. 옆에서 낚시 하던 사람이 먹지도 못하고 낚시에 방해만 되어 재수 없다며 잡은 물고기를 내던졌습니다. 분홍색에 파란 줄이 있어 무지개처럼 빛나던 그 물고기가 내 눈에는 참 예뻐 보였습니다. 그 물고기의 이름이 알고 싶어 낚시터 관리인에게 물었더니 '월남붕어' 라고 했습니다.

이름을 알고 나니 이것저것 궁금증이 생겨 물고기 도감을 구해서 뒤적이다가 물고기 종류가 그렇게 많다는 데 깜짝 놀랐습니다. 그 때 내가 아는 물고기라곤 메기, 붕어, 잉어, 미꾸리, 송사리 정도가 전부여서 그 많은 물고기들이 정말 우리 나라에 살까 하는 의심까지 들었습니다. 그리고 월남붕어라던 그 물고기의 이름은 '흰줄납줄개' 였습니다.

남들보다 자연을 잘 안다고 생각했고, 생물학까지 전공했지만 우리 나라 하천에 그토록 많은 물고기가 있다는 사실조차 모르고 지낸 것이 부끄러워 얼굴이 화끈거렸습니다. 그 날 이후 시간만 나면 족대를 들고 전국의 하천을 돌아다녔고, 물고기들의 생태를 담고 싶어 촬영을 시작했습니다.

물고기를 찾아다니다 보니 물고기를 구별하는 일이 참 어려웠습니다. 20년 전에는 물고기에 대한 자료나 물고기를 공부하는 사람도 많지 않아 자료를 구하거나 구별하기가 무척 힘들었습니다. 그러다 보니 몇 안 되는 물고기 도감은 무척 중요한 자료였는데, 당시의 물고기 도감은 물고기를 처음 접하는 내게 큰 도움이 되지 못했습니다. 도감에는 살아 있는 물고기 사진보다 색이 바랬거나 포르말린에 절여 형태를 알아볼 수 없는 사진이 많아, 살아 있는 물고기와 비교하며 찾기 어려웠던 것입니다.

그 때와 비교하면 지금은 디지털 카메라도 대중화되고, 물고기에 관심 있는 사람들도 늘어 훌륭한 도감이 많아졌습니다. 그러나 아쉬움은 여전히 남습니다. 물고기가 번식하는 시기와 방법, 장소 등 생태를 속 시원히 밝힌 도감을 찾아보기 어려운 까닭입니다. 또 현장에서 촬영하지 않고 어항에 가둬 촬영하다 보니 야생에서 사는 물고기의 자연스런 행동이 표현되지 않은 것도 큰 아쉬움입니다.

이 책에는 되도록 현장에서 관찰하며 찍은 생태 사진을 많이 담으려 했습니다. 그것이 물고기의 생활을 이해하고, 자연에서 말 그대로 자연스럽게 행동하는 물고기의 참 모습을 소개하는 것이라고 생각했기 때문입니다. 좀처럼 만나기 어렵거나 성격이 너무 예민해 현장에서 촬영하기 어려운 일부 종은 할 수 없이 어항에서 촬영했습니다. 오랫동안 물고기의 생태를 알고자 많은 시간 물 속에서 관찰하며 지냈지만 아직도 풀리지 않은 수수께끼가 많고, 자연에서 그들의 모습을 온전히 기록하는 것은 큰 과제로 남아 있습니다. 이 도감이 물고기 생태 도감으로써 부족할 수밖에 없는 한계이기도 합니다. 그 남은 과제를 앞으로 저와 여러분이 함께 풀어가기 바랍니다.

물고기를 처음 접했을 때부터 지금까지 많은 도움을 주시는 중부내수면연구소 이완옥 박사님, 순천향대 방인철 교수님, 국립중앙과학관 홍영

표 박사님께 감사드리며, 감돌고기의 탁란 촬영에 많은 도움을 주신 국립생물자원관 최승호 박사님과 납자루에 대한 자료를 제공해 주신 생물다양성연구소 양현 박사님께도 고마운 마음을 전합니다. 또 바쁜 중에도 촬영을 도와 주신 보령민물생태관 조성장 소장님과 소중한 사진을 선뜻 제공해 주신 분들께도 깊이 감사드립니다.

자연 다큐멘터리스트로 살며 부족한 남편과 아빠 때문에 많은 어려움을 감내해야 했던 가족에게 미안한 마음을 떨칠 수 없었습니다. 이 일을 계속할 수 있도록 든든한 버팀목이 되어 준 사랑하는 아내 박윤희와 두 딸 자연, 산하에게 이 책을 바칩니다. 마지막으로 물고기를 관찰하는 나 때문에 뜻하지 않게 죽어 간 물 속 생명들에게 미안한 마음을 전합니다.

가족의 소중함을 새삼 느끼면서
윤순태

차례

나 때문에 죽어 간 물 속 생명들에게 미안한 마음을 전하며 • 5

민물고기의 이해 11

모양으로 쉽게 찾기 35

우리 나라의 민물고기 61

민 물고기의 이해

민물고기란?

　물고기가 지구상에 나타난 때는 고생대 말기인 약 4억 5천만년 전이다. 물 속에 살던 턱이 없는 갑피류가 오랜 세월 환경 변화에 적응하면서 일부 원구류를 제외하고는 경골어류와 연골어류로 분화되어 왔다. 또 기후와 지리적인 변화에 적응한 생물들은 지역마다 독특한 특성을 띠며 진화했고, 지질학적인 사건으로 인해 특정 지역이나 환경에서만 살기도 한다.

　물고기는 지구상에 존재하는 많은 척추동물 가운데 물 속 환경에 적응한 척추동물이다. 물고기 중에는 일생을 민물에서 사는 것이 있는가 하면, 바다에서만 사는 것, 바다와 민물을 오가는 것, 바다와 민물이 만나는 지역에 사는 것 등이 있다. 일생을 바다에서 사는 물고기를 바닷물고기(해수어)라 하고, 바다와 민물이 교차되는 곳에서 사는 물고기를 기수어라고 한다. 그 중에서도 바다가 아닌 기수 지역과 민물에 적응한 물고기를 민물고기(담수어)라고 한다.

　민물(담수)은 비가 산과 강, 댐 등을 거쳐 바다로 흘러들기 전의 염분 농도가 낮은 물을 말한다. 민물에 적응한 물고기들은 염분 농도가 높은 바닷물에 사는 물고기들과 달리 독특하게 진화해 왔다. 상류의 차갑고 빠른 물살, 중류의 물 흐름이 느리고 풍부한 수량, 하류의 깊은 물과 진흙, 모래 바닥 등 각기 다른 환경은 물고기들의 지느러미와 체형 같은 생김새, 서식지와 분포, 생태 등을 다양하게 만들었다. 우리 나라에 사는 민물고기 200여 종 가운데 순수 담수어는 120여 종이며, 그 중 50여 종은 우리 나라에만 사는 고유종이다. 오랜 세월 우리 나라 냇물과 저수지 등에 적응해 살아 온 민물고기는 한반도 형성 과정에서 나타난 우리의 자연 유산이다.

생김새와 특징

물고기는 물 속에서 생활하며 아가미로 숨을 쉬고 지느러미로 운동하는 척추동물이다. 물고기의 몸은 크게 머리와 몸통, 꼬리, 지느러미로 나눈다. 사는 곳에 따라 몸통 모양, 꼬리지느러미의 생김새와 기능이 다양하다.

물고기의 구조

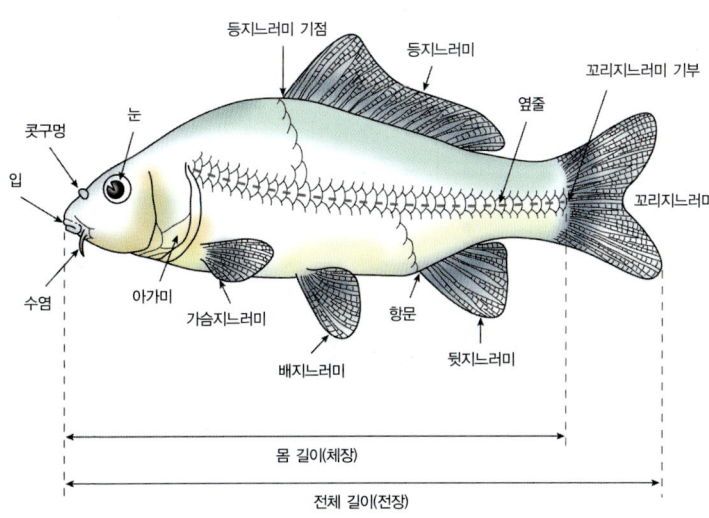

꼬리지느러미의 형태

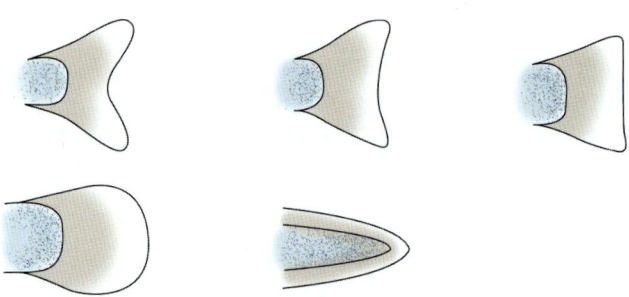

사는 곳에 따른 생김새

물고기는 사는 곳에 따라 몸통, 지느러미, 입 모양 등이 많이 다르다. 물 흐름이 빠른 여울에 사는 물고기는 날렵한 유선형 몸에 꼬리지느러미가 V자 모양으로 깊이 파였고, 물 흐름이 느린 곳에 사는 물고기는 꼬리지느러미가 둥근 편이다.

물 흐름이 빠른 곳에 사는 물고기의 꼬리지느러미.

물 흐름이 느린 곳에 사는 물고기의 꼬리지느러미.

먹이에 따라 입 모양도 다르다. 돌 틈이나 모래를 잘 파고드는 종개, 미유기, 동자개 등은 입이 위아래로 납작하거나 뾰족한 편이며, 수염이 발달했다. 송사리처럼 수면에서 생활하거나 수면의 먹이를 먹는 물고기들은 아래턱이 위턱보다 커서 입이 위를 향한다. 가는돌고기, 배가사리 등 하천 바닥에 있는 바위에서 먹이를 먹는 물고기들은 위턱이 아래턱보다 커서 입이 아래로 향했으며, 쪼기에 편하다. 모래무지나 누치도 입이 아래로 향했으나, 모래나 잔자갈을 빨아들여 유기물을 걸러 먹기 편하게 생겼다.

모래나 돌을 파고들기 좋은 입.

수면의 먹이를 먹기 편한 입.

돌에 있는 부착조류를 쪼기 알맞은 입.

모래나 잔자갈을 빨아들이기 좋은 입.

먹이를 찾을 때 이용하는 수염.

용어 설명

▶ **가슴지느러미** 아가미뚜껑 뒤쪽에 있는 짝지느러미.

▶ **거품집** 버들붕어 수컷이 알 낳을 곳을 마련하기 위해 거품과 끈끈한 진을 뿜어 물 위에 띄운 둥지.

▶ **고유종(固有種, endemic species)** 지리적으로 일정한 곳에만 분포하고, 원래부터 그 곳에서만 살던 종.

▶ **구애 행동** 번식기에 수컷이 암컷을 유혹하는 행동.

▶ **생식돌기** 번식할 때 수컷이 정액을 암컷의 몸 속에 넣는 데 사용하는 막대 모양 돌기.

▶ **기수(汽水, brackish water)** 강 하류에서 민물과 바닷물이 섞이는 곳에 있는 물.

▶ **기부** 지느러미와 몸통의 경계 부분.

▶ **꼬리** 항문에서 마지막 척추뼈 끝까지.

▶ **꼬리지느러미** 꼬리 끝에 있는 지느러미.

▶ **난황** 어류, 양서류 등의 알에 새끼가 일정 기간 자랄 수 있도록 붙어 있는 영양분.

▶ **냉수성 물고기** 약 18℃ 이하 찬물에 사는 물고기.

▶ **등지느러미** 등 쪽에 있는 지느러미.

▶ **뒷지느러미** 항문 뒤쪽에 있는 지느러미.

▶ **머리** 주둥이부터 아가미뚜껑 끝까지.

▶ **몸 길이** 주둥이부터 꼬리지느러미 기부까지. 꼬리지느러미까지 포함하면 전체 길이.

▶ **몸 높이** 몸통에서 가장 높은 부분의 높이.

▶ **몸통** 아가미뚜껑 뒤부터 항문까지.

▶ **배지느러미** 배나 가슴 부분에 있는 짝지느러미.

▶ **산란탑** 어름치가 알을 낳은 뒤 그 곳에 쌓아올린 자갈 더미.

▸ 성어(成魚, adult fish) 어른 물고기.

▸ 세력권 다른 종이나 개체가 침입하는 것을 적극적으로 막는 일정한 공간.

▸ 연안(沿岸, coast) 육지와 닿아 있고, 수심이 200m 이내인 얕은 바다.

▸ 옆줄 물고기의 몸 양쪽에 머리에서 꼬리까지 선으로 늘어선 감각기. 물체나 다른 생물을 감지하기도 하고, 물의 압력이나 온도, 흐름 등의 변화를 감지한다.

▸ 육봉형(陸封型, land-lock form) 바다와 민물을 왕래하던 종이 민물에 적응해 일생을 민물에서만 사는 생활형.

▸ 입수공 조개류의 외투막 끝에 있는 관 두 개 중에서 호흡을 위해 물이 들어가는 구멍.

▸ 유생 알에서 깨어나 성어의 형태를 갖추기 전의 어린 물고기. 성어가 될 때 탈바꿈 과정을 거치는 것과 그렇지 않은 것이 있는데, 탈바꿈 과정을 거치는 다묵장어 같은 경우 유생과 성어의 생김새가 매우 다르다.

▸ 짝지느러미(paired fin) 좌우 한 쌍인 지느러미로 가슴지느러미와 배지느러미가 있다.

▸ 추성(追星, nuptial tubercles) 생식기에 잉어과 수컷의 머리와 지느러미, 피부 등 표피가 두꺼워져 튀어나온 돌기.

▸ 출수공 조개류의 외투막 끝에 있는 관 두 개 중에서 노폐물을 몸 밖으로 내보내는 구멍.

▸ 치어(稚魚, young fish) 알에서 깨어나 난황을 모두 흡수한 뒤 반문과 색체에 특징이 나타나는 어린 물고기.

▸ 탁란 자신의 알을 남이 대신 기르게 하는 것.

▸ 파-마크(parr-mark) 연어과 물고기가 민물에 머무는 동안 몸에 나타나는 것으로, 옆줄 부분에 세로로 된 타원형의 진녹색 무늬.

▸ 피질돌기 피부가 변형되어 생긴 돌기.

▸ 혼인색(婚姻色, nuptial colour) 번식기에 피부에 띠는 현란한 색으로, 대개 수컷이 훨씬 더 화려하다.

▶ **흡반(吸盤, sucker)** 몸의 일부가 둥글게 변형되어 다른 물체나 생물체에 부착하는 장치. 턱이 없는 원구류는 입이, 망둑어과는 배지느러미가 변한 것이다.

 민물고기의 번식

다른 생물과 마찬가지로 물고기도 우수한 유전자를 선택해 후손을 남기려고 한다. 우리 나라는 물고기가 살기에는 좁지만 환경은 다양해, 그에 따른 물고기의 종류와 습성도 다양하다. 물고기는 생활 환경과 특성에 맞게 제각각 번식 방법을 진화시켰다. 물 속이라는 제한된 공간에서 일어나는 재미있고 특이한 번식 습성을 알아보자.

물고기의 번식 방법은 크게 두 가지로 진화했다. 한 가지는 붕어나 잉어처럼 생존율은 낮지만 알을 많이 낳는 방법이고, 다른 한 가지는 꺽지나 동사리처럼 알 낳는 장소를 만들고 비교적 적은 수의 알을 낳은 뒤 알을 지키면서 생존율을 높이는 방법이다.

정성들여 산란탑을 쌓는 어름치

알은 다른 물고기들에게 좋은 먹이가 되므로, 알을 낳은 뒤 지키는 일은 물고기들에게 중요하다. 우리 나라 고유종인 어름치는 알을 낳은 뒤 산란탑을 쌓아 알을 보호한다. 이는 어느 나라 어느 종에서도 볼 수 없는 특이한 행동이다.

어름치는 하천가에 있는 식물이 푸르러지는 4월 말부터 5월 초에 알을 낳는다. 물이 잔잔하게 흐르고 잔자갈이 깔린 깊이 50~80cm의 여울 상류가 어름치가 알을 낳는 장소다. 어름치는 자갈이 깔린 바닥에 오목하게 구덩이를 파고 알을 낳은 뒤 잔자갈로 마치 탑을 쌓듯 알을 덮는다.

어름치는 빛을 싫어하고 밤에 알을 낳기 때문에 암컷과 수컷 중 누가 자갈을 물어 나르는지, 또 알을 낳고 잔자갈을 덮을 때 암수가 함께 덮는 지, 아니면 암수 중 어느 하나가 덮는지, 알을 덮는 잔자갈을 어디서 물어 오는지 등은 아직 밝혀지지 않았다. 그러나 한 가지 분명한 점은 알을 덮는 잔자갈을 산란탑 주변에서 물어 오지 않는다는 것이다. 만약 주변에서 물어 왔다면 그 흔적이 남을 텐데, 그런 흔적이 전혀 없다.

이렇게 신비한 행동을 하는 국보급 물고기 어름치가 멸종 위기에 처했다. 금강의 어름치는 멸종했고, 한강에서도 그 수가 급격히 줄었다. 또 어름치가 알을 낳는 장소는 물놀이하기 좋은 곳이어서 사람들 때문에 훼손되기도 한다. 알 낳을 무렵 한강 수계(동강, 남한강, 임진강)의 물가에 가면 수면에서도 어름치의 산란탑을 볼 수 있다.

어름치의 산란탑.

물 밖에서 보이는 산란탑.

뻐꾸기처럼 남에게 알을 맡기는 물고기

뻐꾸기는 다른 새의 둥지에 몰래 알을 낳고 그 새가 자신의 새끼를 기르게 한다. 뻐꾸기처럼 자기 알을 남의 손에 맡기는 것을 '탁란'이라고 하며, 이 용어는 새를 연구하는 사람들에게 익숙한 말이다. 탁란은 얌체 같은 행동처럼 보이지만 진화적으로 볼 때 상당히 성공한 생존 전략이다.

그런데 뻐꾸기처럼 탁란하는 물고기가 있다. 바로 가는돌고기, 감돌고기, 돌고기가 그렇다. 꺽지는 육식성 물고기로 포식성이 대단하다. 그래서 평소에 이 물고기들은 꺽지 근처에 얼씬도 못 하는데, 알 낳을 때만은 꺽지가 알을 낳는 곳에 용감하게 침입한다.

꺽지는 5월에서 6월 말 산소 포화도가 높고 안전한 돌 틈에 알 낳을 곳을 마련하고, 암컷을 끌어들여 알을 낳는다. 건강한 유전자를 확보하기 위해 암컷 여러 마리에게 알을 받는다. 알을 받은 뒤에는 지느러미가 해질 정도로 알을 보듬으며 산소를 공급하고, 침입자가 나타나면 사정없이 공격해 알을 지킨다. 가는돌고기와 감돌고기, 돌고기는 이러한 꺽지의 부성애를 이용한다.

꺽지가 알 낳은 것을 냄새로 아는지 이들은 무리지어 꺽지가 알 낳은 곳에 자신의 알을 낳는다. 꺽지는 자기 알을 지키려고 필사적으로 쫓고 잡아먹기도 하지만, 알을 낳기 위해 물불을 가리지 않는 이들을 쫓아 내

꺽지가 알을 낳은 곳에 탁란하는 가는돌고기. 가슴지느러미에 알을 붙인다.

노란 꺽지 알 사이에 가는돌고기의 흰 알이 보인다.

가는돌고기의 알. 지키지 않아 많이 잡아먹혔다.

돌고기는 밤에 탁란한다.

꺽지가 알을 낳은 곳에 탁란하는 감돌고기. 꺽지가 속수무책으로 쳐다본다.

감돌고기 알은 꺽지 알보다 일찍 깨어난다.

지 못한다. 결국 꺽지가 알을 낳은 곳은 이들이 낳은 흰 알로 뒤덮인다.

알을 낳은 물고기들은 순식간에 어디론가 사라지고, 꺽지는 정성을 다해 자신의 알과 탁란한 알을 지킨다. 탁란한 알들은 꺽지 알보다 먼저 깨어나 곧바로 그 곳을 떠난다. 꺽지 새끼는 알에서 깨어난 뒤에도 난황을 달고 있으며, 수컷이 난황을 다 흡수할 때까지 지켜 준다.

가는돌고기와 감돌고기, 돌고기는 종별로 무리지어 탁란한다. 금강의 감돌고기는 대부분 꺽지가 알을 낳은 곳에 탁란하지만, 한강 수계의 가는 돌고기는 가끔 자기들끼리 알을 낳는 모습이 관찰된다. 이 경우 다른 물고 기들에게 알을 많이 뜯어 먹힌다. 또 가는돌고기와 감돌고기는 낮에 알을 낳는데, 돌고기는 주로 밤에 낳는다. 이들의 탁란 행동은 일본에서도 관찰되며, 꺽저기와 동사리가 알을 낳은 곳에도 탁란하는 것으로 알려져 있다.

수컷의 체력을 보고 선택하는 암컷

물고기 수컷은 대부분 번식기가 되면 암컷에게 선택 받으려고 지느러미가 커지고, 추성과 혼인색을 띠며 화려하게 변한다. 자신의 유전자가 우수하다는 것을 암컷에게 과시하기 위함이다.

그런가 하면 암컷이 수컷의 체력을 보고 선택하는 종류도 있다. 미호종 개는 알 낳을 무렵이 되면 암컷 주위로 수컷들이 모여 암컷의 배를 자극한다. 암컷은 별다른 반응이 없다가 이른 새벽 혼인 유영을 시작한다. 암컷이 수면으로 떠오르면서 유영하면 주변의 수컷들도 암컷을 따라 유영한다. 암컷은 제법 긴 시간 동안 빠르고 느리게 유영한다. 수컷들도 암컷에게서 떨어지지 않으려고 계속 따라가지만, 한 마리 두 마리 뒤쳐지다가 결국 한 마리만 남는다. 마지막에 남은 수컷은 암컷과 호흡을 고르듯 천천히 헤엄치다가, 어느 순간 수컷이 암컷의 배 부분을 강하게 쥐어짜듯 휘감아 알을 낳게 한다. 암컷이 알을 낳으면 동시에 수컷이 방정하고, 알은 천천히 바닥으로 가라앉으면서 수정된다. 미호종개처럼 수컷이 암컷의 몸을 휘감아 산란하는 물고기에는 종개류, 미꾸리, 미꾸라지, 미유기, 메기, 가물치, 버들붕어 등이 있다.

암컷 주위를 도는 미호종개 수컷들.

수컷이 암컷을 휘감기 직전.

수컷이 암컷을 휘감는다.

알 낳기와 방정.

수정 후 가라앉은 알.

어른이 되면 번식만 하고 죽는 다묵장어

다묵장어는 원시어류의 특징을 그대로 간직한 물고기다. 입이 흡반 모양
으로 되어 있고, 아가미 대신 호흡 구멍이 7개 있다. 다묵장어는 알에서
태어나 유생으로 모래나 진흙 같은 데서 3~4년을 보낸 다음 탈바꿈해 성
어가 된다. 4월 초면 물 흐름이 느린 모래와 잔자갈이 깔린 곳에 다묵장
어 성어가 한두 마리씩 나타난다. 암수 모두 흡반 모양의 입을 돌에 붙이
고, 수컷이 암컷의 꼬리를 휘감은 다음 모래가 뒤집힐 정도로 휘저으며
알을 낳는다. 수컷의 생식돌기는 눈으로도 잘 보여 암수 구별이 쉽다. 다
묵장어는 유생에서 성어로 탈바꿈한 뒤 아무것도 먹지 않은 채 4~5일 동
안 번식만 하고 죽는다.

다묵장어의 입은 흡반 모양이라 물체에 붙기 쉽다.

다묵장어 머리 부분에 아가미 역할을 하는 호흡 구멍 7개가 보인다.

다묵장어의 번식 행동.

자기 알을 낳으려고 남의 알을 훔치는 둑중개

둑중개의 부성애도 꺾지 못지않다. 상류의 차고 맑은 물에 사는 둑중개는 3월 초에 알을 낳는다. 둑중개 수컷이 알 낳을 곳을 마련하고, 이어 암컷이 나타난다. 암컷은 수컷이 마련한 장소가 마음에 들면 알을 낳는다. 알

알을 지키는 수컷.

알을 지키는 수컷을 공격하려는 암컷 3마리.

암컷들이 공격해 뜯겨 나온 알.

알을 먹는 암컷.

떠내려가는 알.

화가 나 얼굴이 시커멓게 변한 수컷.

을 낳으면 수컷은 지느러미를 휘저어 알에 산소를 공급하며 정성을 다해 알을 지킨다.

그런데 알을 지키는 도중 생각지 못한 경쟁자에게 알을 빼앗기기도 한다. 바로 알을 낳지 못한 둑중개 암컷들이다. 이들은 수컷이 알을 지키는 곳에 나타나 알을 빼앗는다. 수컷은 경고 표시로 머리 부분이 시커멓게 변하며 알을 지키려 하지만, 암컷 2~3마리가 함께 공격해 알을 뜯어 낸다. 산란장에서 뜯겨 나간 알은 물살에 떠내려가 금강모치 같은 물고기의 먹이가 된다. 알을 잃은 수컷은 잠시 후 다른 암컷을 받아들인다. 이 때 알을 낳기 위한 암컷들의 경쟁이 치열하다. 낳은 알을 지키는 물고기는 동사리, 밀어, 돌마자, 꺽지, 꺽저기, 퉁사리, 퉁가리, 자가사리, 민물검정 망둑 같은 망둑어류 등이 있다.

부드러운 거품집을 짓는 버들붕어

많은 물고기가 돌이나 물풀에 알을 낳는데, 버들붕어는 거품을 만들어 산란한다. 물 흐름이 느린 웅덩이 같은 곳에 사는 버들붕어는 입으로 수면 위에 거품을 내어 암컷을 유인한다. 암컷이 알을 낳으면 수컷이 알이 깰 때까지 지킨다. 버들붕어가 거품집을 만드는 것은 천적의 눈을 피하기 위해서다.

버들붕어의 거품집.

둥지를 짓는 물고기

물고기들도 새처럼 둥지를 짓는다. 예를 들어 가물치는 물가 얕은 물풀 지대에 지름 50~100cm 크기의 둥지를 짓고 알을 낳은 뒤 깰 때까지 지키며, 이후에도 치어를 지킨다. 가물치, 큰가시고기, 잔가시고기, 가시고기, 베스 등이 둥지를 만든다.

잔가시고기의 둥지.

조개 속에 알을 낳는 물고기

물고기가 알에서 깨어나 성어가 될 때까지 자랄 확률은 매우 낮다. 납자루류 물고기들은 알을 적게 낳아 에너지 소비를 줄이면서도 알의 생존율은 높이는 기발한 방식을 알고 있다. 바로 조개를 이용해 번식하는 것이다. 이들은 조개의 입수공에 알을 낳아 조개 몸 속에서 알이 자라게 한다. 딱딱한 조개껍데기 속에서 안전을 보장 받도록 하는 것이다.

　그러나 받는 것이 있으면 주는 것도 있는 법. 조개도 납자루의 도움을 받아 종족을 보존한다. 이동성이 낮은 조개는 납자루가 알을 낳으려는 순간 자신의 유생을 방출해 납자루의 몸에 달라붙게 한다. 납자루 몸에 붙어 떠돌면서 자란 조개 유생은 물고기 몸에서 떨어져 나와 어미와 멀리 떨어진 곳에서 살아간다. 이와 같은 방식은 이동성이 낮은 조개와 물고기

조개에 알 낳을 기회를 엿보는
묵납자루.

텃새를 부리는 묵납자루 수컷.

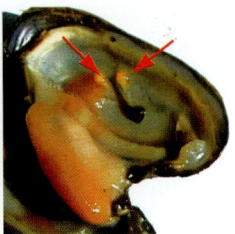

조개에 낳은 노란색 알.

의 멋진 합작품이라 할 수 있다. 조개에 알을 낳는 물고기에는 납자루류,
각시붕어, 떡납줄갱이, 중고기, 참중고기 등이 있다.

모래와 잔자갈에 알을 낳는 물고기

많은 물고기가 물 흐름이 느리고 모래와 잔자갈이 깔린 곳에 알을 낳는
다. 암컷 주위에 수컷들이 모여 있다가 암컷이 알을 낳으면 무리지어 방
정한다. 암수가 몸을 밀착하고 뒷지느러미와 꼬리지느러미를 이용해 모
래와 잔자갈이 일어날 정도로 격렬하게 몸을 떨며 알을 낳기 때문에 알이
모래 속에 묻힌다. 이렇듯 모래와 잔자갈은 물고기들의 중요한 번식 공간
이다. 모래와 잔자갈에 알을 낳는 물고기는 피라미, 끄리, 금강모치, 연준

모래와 자갈이 깔린 곳에 알을 낳는
피라미.

공사 때문에 물고기의 번식지가
파괴된다.

많은 물고기가 모래 바닥에
알을 낳는다.

모치, 누치, 참마자, 연어, 황어, 빙어, 쉬리, 은어, 열목어, 산천어, 쏘가리 등이 있다.

물풀에 알을 낳는 물고기

많은 물고기가 물풀에 알을 낳는다. 대표적으로 잉어와 붕어는 물풀에 알을 낳아 붙인다. 이들은 번식할 때 수컷들이 암컷을 따라다니다가 암컷이 알을 낳는 순간 집단으로 방정하며, 이 때 수정이 잘 되도록 꼬리로 물보라를 일으킨다. 워낙 알을 많이 낳기 때문에 포식자들에게 잡아먹혀도 살아남는 개체가 많다.

그러나 최근 하천 주변을 콘크리트와 석재 등으로 꾸미면서 물풀이 많이 사라졌으며, 덩달아 그 곳에 알을 낳는 물고기도 줄어 하천에 사는 물고기 종류가 적어졌다. 물풀에 알을 낳는 물고기에는 잉어, 붕어, 송사리, 꺽저기, 꼬치동자개, 긴몰개, 왜몰개 등이 있다.

물풀 지대.

관찰과 채집

물고기를 관찰할 때는 골재 채취로 수심이 깊은 곳도 있고, 냇가의 물풀이나 상류에서 떠내려온 오염원, 깨진 유리병 등 위험 요인이 많으므로 주의해야 한다. 관찰하기 위해 채집이 필요할 때도 많다. 냇물의 환경과 계절에 따라 채집 도구와 방법이 다르며, 무엇보다 물고기의 생태를 알아야 물고기를 찾거나 잡을 수 있으므로 미리 생태를 익히고 그에 따른 도구를 준비한다.

관찰과 채집에 필요한 도구

돋보기
물고기 몸의 작은 부분을 확대해 관찰한다. 서로 비슷한 물고기는 지느러미 모양, 비늘 개수, 입 모양, 수염 등을 가지고 분류하기도 한다.

도감
우리 나라 물고기는 비슷한 종류가 많아 구별하기 어렵다. 채집한 물고기를 현장에서 확인할 수 있도록 도감을 준비한다.

카메라
채집한 물고기를 어항에 넣고 사진을 찍은 뒤 집에 와서 도감을 보고 구별한다. 또 냇물에 따라 채집한 물고기를 분류해 기록한다.

어항
채집한 물고기를 작은 어항에 넣고 관찰한다. 채집한 물고기는 스트레스 때문에 가만히 있지 않는다. 물 밖으로 나오면 파닥거리며 계속 움직여

돋보기, 도감, 카메라

잡은 물고기를 넣어 관찰하는 어항.

망원경

관찰하기 어렵고, 손으로 잡고 관찰하면 사람의 체온 때문에 죽을 수 있으니 주의한다.

망원경
계곡처럼 접근하기 힘들거나 물이 맑은 곳에서 관찰할 때 사용한다. 냇물 바닥의 물고기까지 관찰할 수 있다.

물안경, 스노클
물 속에 직접 들어가 관찰할 수 있다. 물고기에게 스트레스를 주지 않고 자연스런 모습을 관찰하기 좋다.

족대(반두)
자갈, 여울목, 물풀 지대 등에 숨은 물고기를 잡는 데 유용하다. 일반적으로 가장 많이 사용하며 다양한 물고기를 채집할 수 있으나, 수심이 깊은 곳이나 넓게 트인 곳에서는 사용하기 어렵다.

통발
수심이 깊은 곳이나 보 밑 등에 설치한다. 물 흐름이 있는 곳에 설치할 때는 돌 같은 것을 받친다. 먹이로 유인하는 덫의 일종으로, 먹이를 중간에 놓고 물 속에 가라앉혀 물고기를 유인한다. 입구가 좁고 안쪽으로 오목하

물안경과 스노클.

족대를 이용해 물고기를 잡는 모습.

통발

게 들어가 있어 일단 물고기가 통발에 들어오면 나가지 못한다. 유리로 만든 것도 있으나 깨지기 쉬우니 사용하지 않는 것이 좋다.

낚시
시간이 많이 걸리지만 다양한 물고기를 채집할 수 없다. 떡밥이나 지렁이 등을 미끼로 사용한다.

기타
정치망, 투망 등 여러 방법이 있으나 법적으로 제한되어 전문 연구 기관이나 허가 받은 어부가 아니면 사용할 수 없다.

채집이나 관찰할 때 복장

긴 소매 윗옷과 긴 바지
냇가에는 줄기나 잎 표면이 날카롭고 거친 물풀이 많아 피부에 스치면 상처가 날 수 있다. 또 오랜 시간 햇볕에 노출되어 피부가 상할 수 있으니 반드시 긴 소매 윗옷과 긴 바지, 혹은 스타킹을 준비한다.

운동화 혹은 가슴장화
물 속에 들어가면 날카로운 돌, 물고기 이동로, 보 공사 때 남은 폐자재(철사나 철근), 깨진 유리병에 발을 다칠 수 있다. 또 부착조류나 이끼 때

운동화, 장갑, 수건.

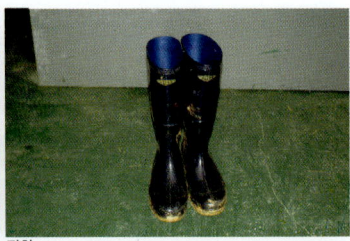
장화

문에 미끄럽다. 슬리퍼는 벗겨지기 쉬워 위험하므로 운동화를 신는다. 깊은 곳에 들어갈 때 체온 보호를 위해 가슴까지 올라오는 가슴장화를 준비하는 것도 좋다.

장갑
돌을 들출 때나 물풀에 쓸리지 않기 위해, 넘어질 때를 대비해서 장갑이 필요하다. 채집한 물고기를 잡을 때도 편하다.

수건
채집할 때 얼굴이나 눈에 물이 묻으면 불편하고, 손이나 몸이 젖으면 도감이나 카메라 등을 다룰 때도 불편하다.

채집할 때 주의 사항

- 알 낳을 무렵에는 채집하지 않고, 가능하면 관찰도 피한다. 많은 물고기들이 알을 낳은 후 알을 보호하는 습성이 있으므로, 이 때 성어를 채집히면 알이 다른 물고기의 먹이가 되거나 깨어나지 못할 수 있다. 관찰하기 위해 물 속을 오가다 보면 물고기들의 번식지를 망가뜨릴 수도 있으니 주의한다.
- 치어는 채집하지 않는다. 환경 적응력이 떨어져 채집해도 금방 죽는다.
- 채집할 때 배터리 같은 전기 장치를 이용하지 않는다. 주변 모든 물고기를 죽일 수 있고, 살아난다 해도 생식 능력을 잃는다.
- 물살이 빠르면 무릎보다 깊은 곳은 위험하니 절대 들어가지 않는다.
- 혼자 채집하는 것은 위험하니 반드시 보호자와 동행한다.
- 채집한 물고기는 관찰하고 나서 풀어 준다.

천연기념물과 멸종 위기종

천연기념물(문화관광부 지정)

천지연 무태장어 서식지	천연기념물 27호(1962년 12월 3일 지정)
무태장어	천연기념물 258호(1978년 8월 18일 지정)
정암사 열목어 서식지	천연기념물 73호(1962년 12월 3일 지정)
봉화 열목어 서식지	천연기념물 74호(1962년 12월 3일 지정)
금강어름치	천연기념물 238호(1972년 5월 1일 지정)
어름치	천연기념물 259호(1978년 8월 18일 지정)
한강의 황쏘가리	천연기념물 190호(1967년 7월 11일 지정)
꼬치동자개	천연기념물 435호(2005년 3월 17일 지정)
미호종개	천연기념물 454호(2005년 3월 17일 지정)

멸종 위기종(환경부 지정)

멸종 위기 야생 동식물 1급	감돌고기, 흰수마자, 미호종개, 꼬치동자개, 퉁사리, 얼룩새코미꾸리
멸종 위기 야생 동식물 2급	다묵장어, 묵납자루, 모래주사, 칠성장어, 임실납자루, 꾸구리, 가는돌고기, 돌상어, 가시고기, 잔가시고기, 둑중개, 한둑중개

멸종한 종

서호납줄갱이, 종어

우리 나라 고유종

칠성말배꼽, 한강납줄개, 각시붕어, 묵납자루, 임실납자루, 칼납자루, 줄납자루, 큰줄납자루, 가시납지리, 감돌고기, 가는돌고기, 쉬리, 참갈겨니, 참중고기, 중고기, 긴몰개, 몰개, 참몰개, 점몰개, 어름치, 왜매치, 꾸구리, 돌상어, 흰수마자, 모래주사, 돌마자, 여울마자, 됭경모치, 배가사리, 금강모치, 치리, 버들가지, 새코미꾸리, 얼룩새코미꾸리, 참종개, 부안종개, 미호종개, 왕종개, 남방종개, 동방종개, 북방종개, 줄종개, 수수미꾸리, 좀수수치, 눈동자개, 꼬치동자개, 미유기, 자가사리, 퉁사리, 퉁가리, 젖뱅어, 꺽지, 동사리, 얼룩동사리, 점줄망둑, 큰볏말뚝망둥어, 황쏘가리, 두만강자그사니, 압록자그사니, 사루기, 자치

모 양으로 쉽게 찾기

 쉬리형

 납자루형

 메기형

 눈동자개형

 누치형

 열목어형

 잉어형

 강준치형

 버들붕어형

 미꾸라지형

 동사리형

 퉁가리형

 돌마자형

 쏘가리형

 뱀장어형

 가시고기형

 가물치형

쉬리형

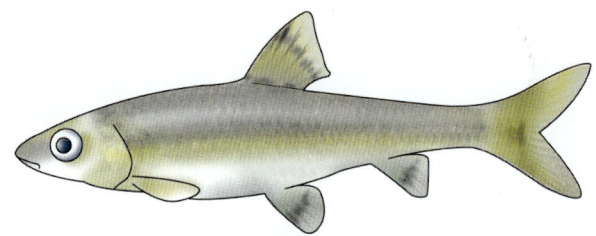

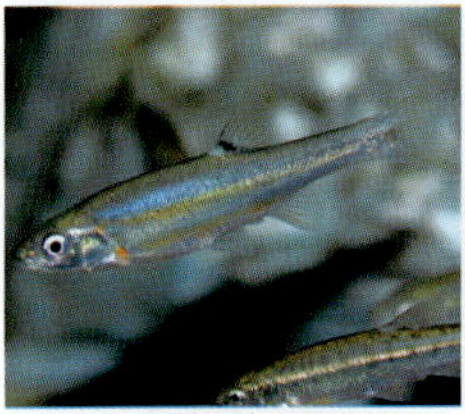

금강모치(p.64)

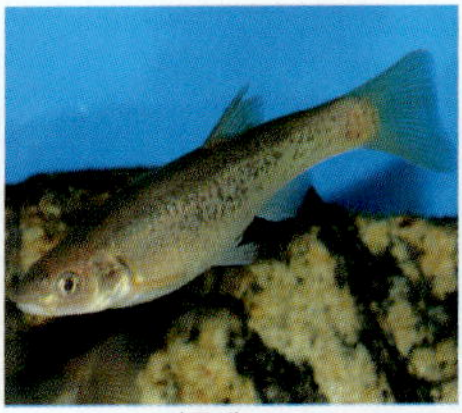

버들개(p.65)

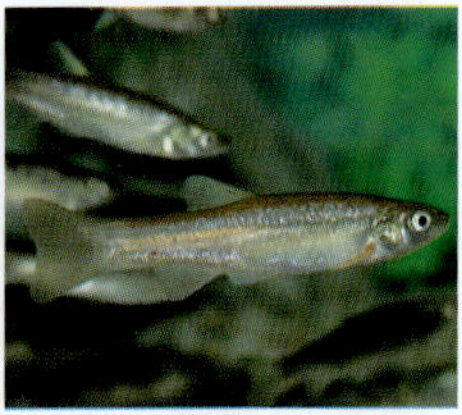

버들치(p.66)

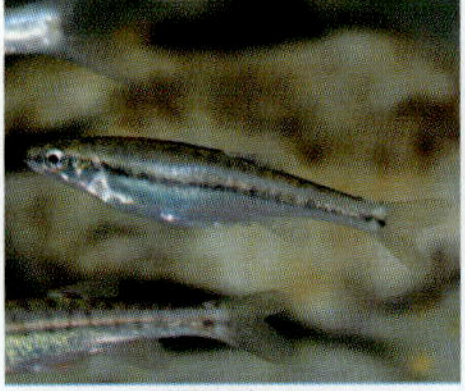

연준모치(p.68)

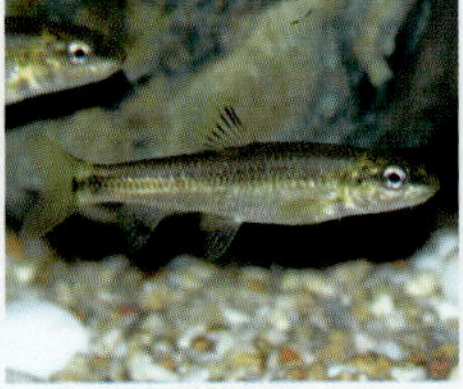

새미(p.69)

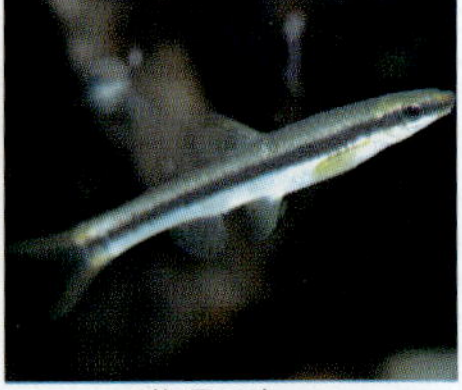

가는돌고기(p.78)

감돌고기(p.80)

쉬리(p.82)

갈겨니(p.84)

참갈겨니(p.86)

피라미(p.99)

돌고기(p.100)

중고기(p.101)

참중고기(p.102)

몰개(p.103)

줄몰개(p.104)

긴몰개(p.105)

참몰개(p.106)

점몰개(p.107)

끄리(p.162)

눈불개(p.165)

치리(p.174)

송사리(p.190)

대륙송사리(p.191)

왜몰개(p.193)

참붕어(p.195)

빙어(p.199)

은어(p.202)

황어(p.204)

초어(p.211)

미꾸라지형

부안종개(p.92)

종개(p.94)

줄종개(p.128)

점줄종개(p.129)

기름종개(p.130)

북방종개(p.131)

참종개(p.132)

미호종개(p.133)

동방종개(p.134)

왕종개(p.135)

남방종개(p.136)

새코미꾸리(p.137)

얼룩새코미꾸리(p.138)

수수미꾸리(p.139)

대륙종개(p.155)

좀수수치(p.158)

쌀미꾸리(p.186)

미꾸리(p.187)

미꾸라지(p.194)

납자루형

각시붕어(p.110)

떡납줄갱이(p.111)

납자루(p.112)

납지리(p.113)

묵납자루(p.114)

칼납자루(p.116)

임실납자루(p.117)

줄납자루(p.118)

큰줄납자루(p.119)

한강납줄개(p.120)

큰납지리(p.163)

가시납지리(p.164)

흰줄납줄개(p.182)

동사리형

둑중개(p.70)

동사리(p.146)

얼룩동사리(p.147)

밀어(p.148)

한둑중개(p.159)

꾹저구(p.175)

갈문망둑(p.176)

민물검정망둑(p.178)

민물두줄망둑(p.180)

좀구굴치(p.188)

메기(p.166)

미유기(p.76)

자가사리(p.150)

통가리(p.151)

통사리(p.154)

꼬치동자개(p.95)

대농갱이(p.140)

동자개(p.141)

눈동자개(p.156)

돌마자형

배가사리(p.89)

꾸구리(p.90)

돌상어(p.91)

흰수마자(p.122)

왜매치(p.123)

돌마자(p.124)

모래주사(p.126)

버들매치(p.157)

둥경모치(p.167)

■ 누치형

참마자(p.88)

누치(p.98)

어름치(p.108)

모래무지(p.125)

쏘가리형

쏘가리(p.142)

황쏘가리(p.143)

꺽지(p.144)

꺽저기(p.145)

블루길(p.208)

베스(p.209)

산천어(p.72)

열목어(p.74)

연어(p.200)

무지개송어(p.212)

다묵장어(p.152)

드렁허리(p.192)

뱀장어(p.198)

붕어(p.183)

잉어(p.184)

이스라엘잉어(p.210)

가시고기형

큰가시고기(p.168)

가시고기(p.170)

잔가시고기(p.171)

강준치(p.172)

백조어(p.173)

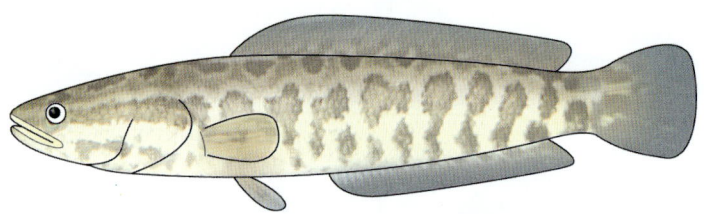

가물치(p.185)

버들붕어형

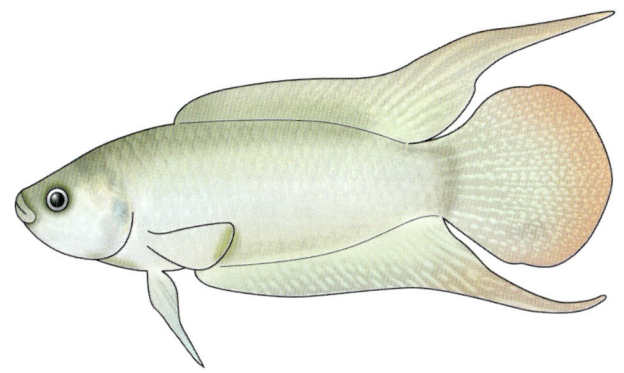

버들붕어(p.196)

우리 나라의

민물고기

 계곡과 계류에 사는 물고기

 물 흐름이 빠른 상류에 사는 물고기

 물 흐름이 느린 중·상류에 사는 물고기

 물 흐름이 거의 없는 하류에 사는 물고기

 댐이나 호수에 사는 물고기

 웅덩이나 농수로에 사는 물고기

 고향을 찾아오는 물고기

 외국에서 들여 온 물고기

계곡과
계류에 사는 물고기

산간 계곡의 작은 샘에서 시작해 바위나 암반으로 이뤄진 산
골짜기를 흐르는 계류는 폭이 좁고 기울기가 급해 물살이 빠르다.
때로는 폭포가 되어 넓고 깊은 소를 이룬다. 좁고 빠른 여울과 소
가 깔린 곳은 물 속 산소 포화도가 높고, 계곡가의 우거진 나무가
만드는 그늘 때문에 수온도 낮으며, 오염원이 없어 깨끗하다. 그러
나 날도래와 강도래 유충 같은 단순한 먹이밖에 없고, 그 수도 적
어 물고기 종류는 많지 않다. 열목어나 금강모치 같은 냉수성 물
고기들이 주로 산다.

□ 등지느러미에 검은
점이 선명하다.(위)
□ 혼인색을 띤
금강모치.(왼쪽)
□ 자갈 깔린 계곡에
산다.(오른쪽)

금강모치 *Rhynchocypris kumgangensis*

한강 상류의 산간 계곡과 금강, 무주구천동 계곡 등
깊은 산 계곡의 찬물에 제한적으로 산다. 몸은 버들
치와 비슷하나, 등지느러미에 검은 점이 있다. 번식
기가 되면 수컷은 주황색과 금색 띠가 몸통 가운데
를 따라 머리 뒤에서 꼬리지느러미 앞까지 이어진
다. 모래나 자갈에 무리지어 알을 낳고 방정한다.

잉어과

크기 7~8cm
사는 곳 자갈 깔린 곳
먹이 작은 수서곤충
알 낳는 때 4월 중순
　　　　　 ~5월
분포 고유종

□ 옆줄을 따라 금색 줄이 있다. 모래에 무리지어 알을 낳고 방정한다.

잉어과

버들개 *Rhynchocypris steindachneri*

크기 10~12cm
사는 곳 자갈과 모래가 깔린 곳
먹이 부착조류, 수서곤충
알 낳는 때 4~5월
분포 북한, 유럽, 중국, 시베리아

강원도 남대천과 그보다 북쪽에 있는 하천 상류 맑은 물에 제한적으로 산다. 버들치와 비슷하게 생겼으나 버들치보다 밝은 갈색이며, 금색 줄이 머리 뒷부분부터 꼬리지느러미 앞까지 옆줄을 따라 이어져 있다. 버들치와 구별하기 쉽지 않아 사는 지역에 따라 구별하기도 한다.

□ 환경 변화에 잘 적응해 댐이나 저수지 물이 흘러드는 부분에서도 산다.

버들치 *Rhynchocypris oxycephalus*

동해로 흘러드는 하천을 제외한 전국 계곡의 찬물에 산다. 몸은 누런빛을 띤 갈색이고, 작은 반점이몸 전체에 불규칙하게 흩어져 있다. 금강모치와 비슷하나 등지느러미에 검은 점이 없다. 버들개와 구별하기가 어려워 사는 지역으로 1차 구별하기도 한다. 모래에 무리지어 알을 낳고 방정한다.

잉어과

크기 6~11cm
사는 곳 자갈과 모래가
　　　　　깔린 곳
먹이 잡식성
알 낳는 때 4~6월
분포 북한, 중국,
　　　러시아

66

1 금강모치와 달리 등지느러미에 검은 점이 없다. 2 돌 틈에서 잠을 잔다. 3 버들치와 금강모치는 같은 곳에 살며 먹이 경쟁을 한다.

- 밝은 갈색 몸에 옆줄을 따라 짙푸른 반점이 있다.(위)
- 돌에 붙은 부착조류를 먹는다.(왼쪽)
- 혼인색을 띤 연준모치.(오른쪽)

연준모치 *Phoxinus phoxinus*

남한강 수계의 일부 지역과 삼척 오십천 등 맑고 찬 물에 사는 냉수성 물고기로, 사는 범위가 좁고 제한적이다. 번식기가 되면 수컷은 입가에 추성을 띠고, 배와 가슴지느러미 끝부분이 하얀 줄을 그은 것처럼 선명하다. 금강모치와 함께 살기도 한다. 모래나 자갈에 무리지어 알을 낳고 방정한다.

잉어과

크기 5~8cm
사는 곳 자갈이 깔린 곳
먹이 작은 수서곤충
알 낳는 때 4~5월
분포 북한, 유럽, 중국, 러시아

□ 혼인색을 띤 수컷.(위)
□ 혼인색을 띠지 않은 평소 모습.(아래)

잉어과

크기 10~12cm
사는 곳 자갈이 깔린 곳
먹이 수서곤충, 부착조류
알 낳는 때 알려지지
　　　　　　않음
분포 북한, 중국

새미 *Ladislabia taczanowskii*

임진강 수계와 강원도 북쪽 한강 수계 상류 계곡의 돌 틈을 빠르게 오가며 산다. 입가에 작은 수염이 한 쌍 있다. 등은 진갈색이고, 배 쪽은 엷은 갈색 바탕에 입부터 꼬리지느러미 앞까지 진갈색 띠가 늘어서 있다. 중고기, 참중고기와 비슷하지만 꼬리지느러미 앞에 검은 줄이 있어 구별된다.

□ 수컷은 암컷보다 입 주위가 두툼하다. 입과 머리는 가로로 납작하지만, 몸통은 세로로 납작한 편이다.

둑중개 *Cottus poecilopus*

한강 수계의 수온이 일정한 계곡 찬물에 산다. 한둑
중개와 비슷하나 사는 곳이 다르고, 몸빛도 한둑중
개보다 밝은 갈색이며 작고 검은 점이 흩어져 있다.
수컷은 돌 밑에 둥지를 만들고 암컷을 유인하며, 알
을 낳은 뒤 암컷을 쫓아 내고 알에서 깨어난 새끼가
난황을 다 흡수할 때까지 지킨다.

둑중개과

크기 7~15cm
사는 곳 자갈이 깔린 곳
먹이 작은 수서곤충
알 낳는 때 3월 중순
~4월
분포 북한, 러시아

1 암컷(오른쪽)이 접근해도 쫓아 내지 않는 이상 행동을
  보이는 수컷(왼쪽).
2 다른 암컷이 낳은 알을 빼내기 위해 기회를 엿보는 암컷.
3 입과 머리가 가로로 납작하다.

□ 다 자란 성어. 송어의 육봉형으로, 송어의 어릴 적 특징인 파-마크가 그대로 남아 있다.

산천어 *Oncorhynchus masou masou*

동해로 흐르는 하천 상류 산간 계곡의 맑고 찬물에 산다. 각 지방자치단체에서 그 지역의 청정성을 홍보하기 위해 무분별하게 산천어를 방류하여 생태계와 유전자 교란 등 문제가 발생한다. 암컷 한두 마리에 많은 수컷이 모여들어 집단으로 알을 낳고 방정한다.

연어과

크기 약 20cm
사는 곳 자갈이 깔린 곳
먹이 작은 물고기,
　　　갑각류, 곤충
알 낳는 때 10~11월
분포 일본, 러시아,
　　　알래스카

1 주변 환경에 따라 몸빛의 밝기가 다르다. 2 알을 낳은 뒤 죽은 산천어. 3 산천어 알. 4 무리지어 생활한다.

□ 자갈이나 모래가 깔린 계곡에 산다.

열목어 *Brachymystax lenok tsinlingensis*

냉수성 물고기로 수온이 20℃가 넘지 않는 계곡에 산다. 강원도, 충청도 일부 지역과 경북 봉화에 살며, 특히 봉화는 열목어 남방 분포 한계선으로 그 사는 곳이 천연기념물 74호로 지정되었다. 갈색이 도는 푸른색에 몸 위쪽으로 작고 검은 점이 흩어져 있다. 자갈에 무리지어 알을 낳고 방정한다.

연어과

크기 30~70cm
사는 곳 자갈과 모래가 깔린 곳
먹이 수서곤충, 물고기
알 낳는 때 3~4월
분포 북한, 만주, 시베리아

74

1 몸 전체에 작고 검은 점이 불규칙하게 있다. 2 상류로 올라가기 위해 폭포 아래에서 기회를 엿본다. 3 겨울잠을 자는 열목어.

□ 메기와 비슷하지만
  등지느러미가 훨씬
  가늘고 짧다.(위)
□ 머리가 가로로 납작하고,
  입가에 수염이 2쌍
  있다.(왼쪽 · 오른쪽)

미유기 *Silurus microdorsalis*

우리 나라 모든 계곡에 살며, 몸은 전체적으로 어두
운 갈색이다. 머리는 가로로 납작하고 몸은 세로로
납작하며, 입가에 수염이 두 쌍 있다. 메기와 아주
비슷하지만 메기보다 전체적으로 가늘고, 등지느러
미가 가늘고 짧다. 낮에는 돌 밑에 숨어 있다가 밤
에 활동한다. 수컷이 암컷을 휘감아 알을 낳는다.

메기과

크기 15~25cm
사는 곳 자갈이 깔린 곳
먹이 수서곤충,
  어린 물고기
알 낳는 때 4~6월
분포 고유종

물 흐름이 빠른
상류에 사는 물고기

하천 상류에는 비교적 물이 맑고 산소 포화도가 높으며, 물 길이 S자 모양으로 굽은 곳이 많다. 또 수심이 얕고 물살이 비교적 빠르며, 여울이 많고 계곡에서 흘러든 돌과 자갈이 깔려 있다. 계곡보다 햇빛이 잘 들어 부착조류가 많고, 다양한 수서곤충이 살아 먹이가 풍부하다. 따라서 다양한 종류의 물고기가 살며, 특히 행동이 민첩하고 자갈을 잘 파고드는 종이 많다.

■ 암반이나 자갈이 깔린 곳에 산다. 몸이 가늘고 길어 날렵해 보인다.

가는돌고기 *Pseudopungtungia tenuicorpa*

한강 수계와 임진강 상류에 제한적으로 산다. 입부
터 꼬리지느러미 기부까지 짙은 흑갈색 줄이 있으
며, 아주 짧은 수염이 한 쌍 있다. 등지느러미 기부에
검은 띠 흔적이 희미하다. 돌고기와 비슷하게 생겼
으나 돌고기는 입 부분이 말굽 모양인데, 가는돌고
기는 입이 작고 둥글다. 꺽지에게 탁란하기도 한다.

잉어과

크기 7~10cm
사는 곳 암반이나
　　　　자갈이 깔린 곳
먹이 부착조류, 수서곤충
알 낳는 때 4월 중순
　　　　　~6월
분포 고유종

1 돌고기에 비해 입이 작고 둥글다. 2 무리지어 부착조류를 먹는다. 3 가는돌고기 알은 흰색이다. 4 위험을 무릅쓰고 꺽지 알 사이에 탁란했다. 노란색 알이 꺽지 알이다.

■ 평상시엔 몸이 갈색이지만 번식기가 되면 검은색으로 변한다.

감돌고기 *Pseudopungtungia nigra*

옛날에는 금강과 만경강 수계, 충남 보령 웅천천에서 발견되었으나, 현재는 금강 수계 일부에서만 발견된다. 입에서 꼬리지느러미 기부까지 검고 굵은 줄이 있다. 쉬리처럼 등지느러미와 꼬리지느러미에 검은색 띠가 두 줄 있으며, 짧은 수염이 한 쌍 있다. 꺽지가 알 낳은 곳에 탁란한다.

잉어과

크기 7~10cm
사는 곳 암반이나
자갈이 깔린 곳
먹이 부착조류, 수서곤충
알 낳는 때 4월 중순
~7월
분포 고유종

1 번식기가 되면 검게 변한다. 2 등지느러미에 검은색 띠가 2줄 있다. 3 꺽지가 알을 낳은 곳에 집단으로 탁란한다.
4 꺽지 알(갈색)과 감돌고기 알(흰색). 감돌고기는 꺽지 새끼에게 먹히지 않으려고 꺽지보다 빨리 깨어난다.

■ 수계별로 지느러미와 몸에 있는 줄이 달라서 변종으로 보지만, 종이 다를 가능성도 크다.

쉬리 *Coreoleuciscus splendidus*

물살이 빠른 여울에 사는 대표적인 물고기로 전국에 분포한다. 몸은 가늘고 긴 유선형이며, 입이 뾰족하다. 은빛이 도는 갈색 몸 가운데에 남색과 주황색 줄이 있다. 감돌고기처럼 등지느러미와 꼬리지느러미에 검은색 띠가 두 줄 있다. 여울 자갈에 무리지어 알을 낳고 방정한다.

잉어과

크기 10~13cm
사는 곳 자갈이 깔린 곳
먹이 수서곤충
알 낳는 때 4월 중순
～6월
분포 고유종

1 돌에 붙은 수서곤충을 쪼아 먹었다. **2** 한강에 사는 것은 등지느러미 무늬가 3줄이며, 붉고 푸른 줄이 몸 중앙을 가로질러 꼬리지느러미까지 이어진다. 꼬리지느러미에 불완전한 3자 모양 무늬가 있다. **3** 낙동강에 사는 것은 등지느러미 무늬가 2줄이며, 금색 줄이 몸 중앙을 가로질러 꼬리지느러미까지 이어진다. 꼬리지느러미에 3자 모양 무늬가 뚜렷하다.

□ 눈동자에 붉은색 반원 무늬가 있다. 참갈겨니보다 물 흐름이 느린 곳에 산다.

갈겨니 *Zacco temmincki*

영동 북부 일부 하천을 제외한 전국 하천 상류의 맑고 물 흐름이 느린 곳에 산다. 은빛 도는 갈색 몸에 배 쪽은 금속 광택이 도는 은백색이다. 입이 뭉툭하고 눈이 크며, 아래턱이 위턱보다 커서 물 위의 곤충을 잘 잡아먹는다. 자갈이나 모래에 무리지어 알을 낳고 방정한다.

잉어과

크기 10~18cm
사는 곳 모래와 자갈이 깔린 곳
먹이 잡식성
알 낳는 때 5~7월
분포 중국, 일본

1 아래턱이 위턱보다 크다. 2 물가에서 흔히 볼 수 있는 갈겨니 새끼. 3 혼인색과 추성을 띤 수컷.

□ 눈동자에 붉은색 반원 무늬가 없고, 갈겨니보다 물 흐름이 빠른 곳에 산다.

참갈겨니 *Zacco koreanus*

잉어과

우리 나라 모든 지역에 산다. 갈겨니와 전체적으로 비슷하나 옆줄을 따라 금속 광택이 나는 청갈색 굵은 줄이 있고, 배 쪽은 붉은 기가 도는 노란빛을 띤다. 피라미와 비슷해 보이지만 입과 눈 모양, 몸빛이 다르다. 자갈이나 모래에 무리지어 알을 낳고 방정한다.

크기 12~20cm
사는 곳 모래나 자갈이
　　　　　깔린 곳
먹이 잡식성
알 낳는 때 5월 중순
　　　　　~7월
분포 고유종

86

1 옆줄을 따라 금속 광택이 도는 청갈색 줄이 있다. **2** 갈겨니와 달리 눈동자에 붉은색 반원 무늬가 없다. **3** 평소에 도 배가 붉고 노란빛을 띤다.

□ 은빛 도는 갈색 몸에 규칙적으로 검은 점이 있다.(위)
□ 바닥을 파서 빨아먹기 좋은 입.(왼쪽)
□ 모래나 자갈이 깔린 곳에 산다.(오른쪽)

참마자 *Hemibarbus longirostris*

서 · 남해로 흐르는 하천의 물 흐름이 느린 상류에 산다. 입이 길고 뾰족해 돌이나 자갈, 낙엽 밑을 파서 물을 빨아들인 뒤 수서곤충을 걸러먹는다. 입 가장자리에 수염이 한 쌍 있다. 누치와 비슷하지만, 몸통 전체와 지느러미에 규칙적인 검은 점이 있다. 자갈 틈에 무리지어 알을 낳고 방정한다.

잉어과

크기 15~30cm
사는 곳 모래나 자갈이 깔린 곳
먹이 잡식성
알 낳는 때 5~7월
분포 중국, 일본

- 몸에 얼룩얼룩한 점이 있고, 혼인색과 추성을 띠기 시작했다.(위)
- 뭉툭하고 말굽 모양으로 굽은 입은 부착조류를 먹는 데 알맞다.(왼쪽)
- 배가사리(앞)와 돌마자.(오른쪽)

잉어과

크기 7~13cm
사는 곳 암반과 돌이 있는 곳
먹이 부착조류
알 낳는 때 5~7월(추정)
분포 고유종

배가사리 *Microphysogobio longidorsalis*

한강과 임진강 수계의 상류 여울에 산다. 밝은 갈색 몸에 크고 검은 점이 있다. 등지느러미와 꼬리지느러미에도 작은 점들이 있다. 작은 수염이 한 쌍 있으며, 눈 부위가 튀어나왔다. 버들매치와 비슷하나, 등지느러미가 부채 모양으로 원근감이 있다.

□ 여울목 자갈 틈에 살며, 그 곳에 알을 낳는다.(위)
□ 고양이 눈처럼 빛의 양에 따라 눈동자 크기가 변한다.(아래)

꾸구리 *Gobiobotia macrocephala*

한강과 임진강, 금강 수계의 물 흐름이 빠른 상류에
제한적으로 산다. 밝은 누런빛을 띠는 갈색 몸 뒤쪽
가운데에 굵고 검은 띠가 세 줄 있으며, 지느러미에
점이 있다. 수염이 입가에 한 쌍, 턱 밑에 세 쌍 있
다. 민물고기 중 유일하게 눈꺼풀이 있고, 밝은 곳
에서는 고양이 눈처럼 I자 모양으로 보인다.

잉어과

크기 7~12cm
사는 곳 자갈이 깔린 곳
먹이 수서곤충
알 낳는 때 4~6월
분포 고유종

□ 여울목 돌 틈에 산다.(위)
□ 돌 틈에 숨은 돌상어.(아래)

잉어과

돌상어 *Gobiobotia brevibarba*

크기 7~12cm
사는 곳 자갈이 깔린 곳
먹이 수서곤충
알 낳는 때 4~6월(추정)
분포 고유종

한강과 임진강, 금강 수계의 물 흐름이 빠른 상류에 제한적으로 살며, 물이 오염되면 제일 먼저 사라지는 지표종이다. 진한 갈색 몸에 흐릿한 검은 점들이 꼬리지느러미까지 퍼져 있다. 꾸구리와 같은 곳에 살고 생김새도 비슷하나, 눈꺼풀이 없고 지느러미에 점도 없다. 수염이 세 쌍 있다.

□ 등에 굵은 갈색 무늬가 있다. 참종개와 비슷하나 크기가 작은 편이고, 무늬도 전체적으로 크다.

부안종개 *Iksookimia pumila*

전북 부안 백천 일부에 제한적으로 산다. 몸은 미꾸라지처럼 가늘고 길며, 은빛이 도는 갈색이다. 등쪽에 굵은 갈색 띠가 8~9개 있고, 옆줄을 중심으로 작은 구름 모양의 불규칙한 무늬가 있다. 방사형 무늬가 등지느러미에 두 줄, 꼬리지느러미에 세 줄 있다. 수컷이 암컷을 휘감아 알을 낳는다.

미꾸리과

크기 5~8cm
사는 곳 자갈과 모래가 깔린 곳
먹이 잡식성
알 낳는 때 5~7월
분포 고유종

1 몸이 미꾸라지처럼 가늘고 길다. 2 방사형 무늬가 등지느러미에 2줄, 꼬리지느러미에 3줄 있다. 3 수컷은 암컷보다 가슴지느러미가 발달했다.

□ 몸 전체에 굵고 검은 점이 있어 얼룩덜룩하다.(위)
□ 입가에 수염이 3쌍 있다.(아래)

종개 *Barbatula toni*

강원도와 경기도 한강 수계 상류의 맑고 찬물에 산다. 몸이 미꾸라지처럼 가늘고 길며, 어두운 갈색에 굵고 검은 얼룩무늬가 전체적으로 흩어져 있다. 입은 뾰족하고 아래로 향해 있어 돌 틈에 파고들기 쉽고, 입가에 수염이 세 쌍 있다. 대륙종개와 비슷하나, 몸에 있는 굵고 검은 점이 더 크고 뚜렷하다.

동자개과

꼬치동자개 *Pseudobagrus brevicorpus*

크기 7~10cm
사는 곳 돌과 자갈이
깔린 곳
먹이 수서곤충,
물고기 알 등
알 낳는 때 6~7월(추정)
분포 고유종

낙동강 수계 일부 지역에 제한적으로 산다. 동자개 무리 중 몸이 제일 작고 진한 갈색이며, 등 쪽에 흐린 반점이 몇 개 있다. 꼬리지느러미 기부에 반원 모양 점이 있고, 긴 수염이 네 쌍 있다. 야행성으로 낮에는 바위나 돌 밑에 숨어 있다. 수해 복구 공사, 시냇가 정비 공사 등으로 개체수가 급격히 줄었다.

ㅁ긴 수염이 4쌍이 뚜렷하다.

물 흐름이 느린
중·상류에 사는 물고기

하천 중·상류는 폭이 넓고 물살이 비교적 느리며 수심도 깊다. 자갈이 깔린 여울에서 물 흐름이 느려져 모래와 진흙이 깔린 넓은 하천으로 이어진다. 중간에 농사용 보가 설치된 곳이 많아 물 흐름이 전혀 없는 곳도 있으며, 생활 하수가 많이 흘러들어 물이 탁한 편이다. 모래와 진흙 바닥에 붕어말, 나사말 등 수생식물이 많고, 플랑크톤도 풍부하다. 환경이 다양하고 먹이가 풍부하여 많은 종류의 물고기가 산다.

■ 무리지어 다닌다.(위)
■ 참마자와 비슷하나 비늘에 작은 점이 없다.(아래)

누치 *Hemibarbus labeo*

서 · 남해로 흐르는 하천에 산다. 몸은 은빛 도는 갈색이다. 뾰족하게 튀어나온 입으로 작은 돌을 빨아들여 돌 밑의 수서곤충을 잡아먹는다. 입가에 수염이 한 쌍 있다. 전체적으로 참마자와 비슷하게 생겼지만, 여울 모래에 무리지어 알을 낳고 방정한다.

잉어과

크기 20~70cm
사는 곳 모래와 자갈이 깔린 곳
먹이 잡식성
알 낳는 때 4~5월
분포 베트남, 일본, 중국

□ 혼인색과 추성을 띤 수컷.(위)
□ 암컷은 수컷보다 배지느러미가 작다.(왼쪽)
□ 수컷(위)과 암컷(아래)이 알을 낳는 순간, 자갈이나 모래에 무리지어 알을 낳고 방정한다.(오른쪽)

잉어과

크기 10~17cm
사는 곳 진흙이나 모래, 자갈이 깔린 곳
먹이 잡식성
알 낳는 때 5~7월
분포 중국, 대만, 일본

피라미 *Zacco platypus*

서·남해로 흐르는 하천에 살았으나, 사람들이 곳곳으로 옮겨 현재는 전국에 고루 산다. 몸에 흐린 회색 줄이 8~10개 있어 치리와 구별된다. 번식기가 되면 수컷은 뒷지느러미가 길어지고 입가와 가슴지느러미에 추성이 생기며, 은빛 도는 푸른색과 주홍색으로 혼인색을 띠어 '불거지' 라고도 불린다.

□ 입이 말굽 모양이며, 몸에 굵고 검은 띠가 있다.(위)
□ 꺽지가 알을 낳은 곳에 탁란한다.(아래)

돌고기 *Pungtungia herzi*

전국 하천에 고루 산다. 몸은 갈색이며, 입에서 꼬
리 기부까지 굵고 검은 줄이 있다. 입이 말굽 모양
이며, 앞에서 보면 돼지코와 비슷해 돈어(豚魚)라고
도 불렀다. 입가에 수염이 한 쌍 있다. 가는돌고기
와 비슷하나 전체적으로 크고, 등지느러미에 반점
이 없다. 꺽지가 알을 낳은 곳에 탁란한다.

잉어과

크기 7~15cm
사는 곳 자갈이 깔린 곳
먹이 잡식성
알 낳는 때 5~7월
분포 중국, 일본

□ 등과 꼬리지느러미 위아래로 진한 갈색 무늬가 있어 참중고기와 구별된다. 치어에는 아가미 뒤부터 꼬리지느러미 기부까지 진한 갈색 줄이 있으나 자라면서 사라진다.

잉어과

크기 10~15cm
사는 곳 진흙이나 모래,
　　　　　자갈이 깔린 곳
먹이 수서곤충
알 낳는 때 5~6월
분포 고유종

중고기 *Sarcocheilichthys nigripinnis morii*

서·남해로 흐르는 하천에 고루 산다. 몸은 녹갈색이고 등 쪽이 진하며, 배 쪽은 은빛 도는 갈색이다. 몸 전체에 진한 갈색 반점이 불규칙하게 있고, 아가미 뒤에는 초록빛이 도는 푸른색 점이 가로로 있다. 입 가에 짧은 수염이 한 쌍 있다. 조개에 알을 낳는다.

1 등지느러미와 꼬리지느러미 위아래로 진한 갈색 줄이 없다. 2 가는돌고기 무리와 함께 먹이를 먹는다. 3 혼인색이 나타나는 수컷. 4 산란관이 보이는 암컷.

참중고기 *Sarcocheilichthys variegatus wakiyae*

서·남해로 흐르는 하천에 고루 산다. 중고기와 비슷하지만 등지느러미와 꼬리지느러미 위아래로 진한 갈색 무늬가 없고, 비교적 상류에 산다. 번식기가 되면 몸이 진한 녹갈색으로 변하고, 지느러미 끝에 흰색 띠가 생기며, 꼬리지느러미를 제외한 지느러미가 주홍색으로 변한다. 조개에 알을 낳는다.

잉어과	
크기	8~10cm
사는 곳	모래와 자갈이 깔린 곳
먹이	수서곤충
알 낳는 때	5~6월
분포	고유종

□ 겉모습만으로는 다른 몰개들과 구별하기 어렵다.(위)
□ 머리가 크고 수염이 짧다.(아래)

잉어과

크기 6~12cm
사는 곳 모래, 수초 지대
먹이 잡식성
알 낳는 때 6~7월(추정)
분포 고유종

몰개 *Squalidus japonicus coreanus*

전국 하천에 고루 산다. 은빛 도는 갈색 몸에 광택이 있으며, 등 쪽은 진하고 배 쪽은 밝다. 몰개 무리물고기들은 눈으로 구별하기 어려우나, 몰개는 수염이 눈의 동공 지름보다 짧다. 무리지어 다니고 수질 오염에 잘 적응한다.

□ 비늘에 진한 갈색 점이 이어져
   선처럼 보인다.(위)
□ 혼인색을 띠어 가는 수컷.(아래)

줄몰개 *Gnathopogon strigatus*

서·남해로 흐르는 하천에 산다. 은빛 도는 갈색 몸
에 등 쪽은 진하고 배 쪽은 밝다. 몸 중앙 입부터 꼬
리지느러미 기부까지 굵고 진한 갈색 줄이 있다. 비
늘에 진한 갈색 점들이 이어져 선처럼 보이며, 갑옷
을 입은 것 같다. 아주 짧은 수염이 한 쌍 있다. 몰
개 무리 가운데 비교적 구별하기 쉬운 종이다.

잉어과

크기 5~10cm
사는 곳 모래와 진흙이
  깔린 곳
먹이 수서곤충, 플랑크톤
알 낳는 때 5~6월(추정)
분포 중국 동북부

□ 긴몰개는 옆줄 위의 비늘이
　3개 반이다.(위)
□ 모래나 진흙의 수초 지대에
　산다.(왼쪽)
□ 수염이 1쌍 있다.(오른쪽)

잉어과

크기 7~10cm
사는 곳 모래나 진흙의
　　　　　수초 지대
먹이 수서곤충, 플랑크톤
알 낳는 때 5~7월
분포 고유종

긴몰개 *Squalidus gracilis majimaes*

서·남해로 흐르는 하천에 산다. 몰개, 긴몰개, 참
몰개는 생김새로 구별하기 어려워 옆줄 위의 비늘
수로 구별한다. 긴몰개는 옆줄 위쪽의 비늘이 세 개
반으로, 네 개 반인 몰개나 참몰개와 구별된다. 등
쪽 비늘이 다른 몰개들보다 커 보인다. 입가에 수염
이 한 쌍 있다. 물풀에 알을 낳아 붙인다.

▫ 옆줄을 따라 굵고 푸른 줄이 있다.(위)
▫ 수염이 1쌍 있다.(아래)

참몰개 *Squalidus chankaensis tsuchigae*

서·남해로 흐르는 하천에 산다. 옆줄을 따라 굵고
푸른 줄이 있다. 몰개 무리 중 제일 구별하기 어려
우나 몰개보다 수염이 길고, 긴몰개보다 비늘이 많
다. 참몰개는 등 쪽 비늘이 긴몰개보다 한 줄 더 있
어 등 쪽 비늘이 자잘해 보인다. 가늘고 긴 수염이
한 쌍 있다.

잉어과

크기 8~14cm
사는 곳 자갈이나 모래,
     진흙의
     수초 지대
먹이 잡식성
알 낳는 때 5~7월(추정)
분포 고유종

□ 먹이를 먹는 점몰개 무리.(위)
□ 옆줄을 따라 사각형 무늬가 있다.(아래)

잉어과

크기 5~7cm
사는 곳 모래나 자갈이 깔린 곳
먹이 잡식성(추정)
알 낳는 때 알려지지 않음
분포 고유종

점몰개 *Squalidus multimaculatus*

점몰개는 동해 남부로 흐르는 하천 일부에 제한적으로 산다. 점몰개는 옆줄을 따라 꼬리지느러미 기부까지 크기가 다른 사각형의 짙푸른 무늬들이 있고, 사는 곳이 달라 다른 몰개 무리와 구별된다. 입에 수염이 한 쌍 있다.

□ 몸의 무늬가 어른어른하여 어름치라는 이름이 붙었다. 참마자, 누치와 비슷하다.

어름치 *Hemibarbus mylodon*

임진강과 한강, 금강 수계에 살았으나, 금강에서는
멸종한 것으로 추정된다. 은빛 도는 갈색 몸에 진한
갈색 반점이 아가미 뒤에서 꼬리지느러미 기부까지
이어져 있고, 등지느러미와 꼬리지느러미에는 검은
띠가 3~4개 있다. 물고기 중 유일하게 알을 낳은 뒤
산란탑을 쌓는다. 천연기념물 259호다.

잉어과

크기 20~40cm
사는 곳 자갈이 깔린 곳
먹이 수서곤충, 다슬기
알 낳는 때 4~5월
분포 고유종

1 어름치 새끼. 2 자갈이 깔린 곳에서 무리지어 산다. 3 산란탑을 만들면서 생긴 상처가 감염되어 백점병에 걸렸다.

□ 옆줄을 따라 파란 줄이 선명하다.(위)
□ 알 낳을 때가 되면 조개에 관심을 보인다.(아래)

각시붕어 *Rhodeus uyekii*

서 · 남해로 흐르는 하천에 산다. 옆으로 납작한 타
원형 몸에 등 쪽은 은빛 도는 갈색이고, 배 쪽은 은
백색이다. 옆줄의 등지느러미 중간 부분부터 꼬리
지느러미 기부까지 파란 줄이 있고, 꼬리지느러미
중간에는 주황색 무늬가 있다. 조개에 알을 낳는다.

잉어과

크기 4~5cm
사는 곳 진흙의
        수초 지대
먹이 부착조류, 플랑크톤
알 낳는 때 5~7월
분포 고유종

□ 옆줄의 파란 줄 길이로 각시붕어와 구별한다.

잉어과

크기 4~5cm
사는 곳 진흙의
　·　　수초 지대
먹이 부착조류, 플랑크톤
알 낳는 때 5~7월
분포 중국, 시베리아

떡납줄갱이 *Rhodeus notatus*

서·남해로 흐르는 하천이나 농수로, 저수지에 산다. 각시붕어와 비슷하지만 몸 높이가 낮고 긴 타원형이다. 각시붕어는 옆줄의 파란 줄이 등지느러미 중간부터 꼬리지느러미 기부까지 이어지지만, 떡납줄갱이는 등지느러미 너머 앞에서 꼬리지느러미 기부까지 있고 눈도 크다. 조개에 알을 낳는다.

□ 뒷지느러미의 주황색 띠가 특징이다.

납자루 *Acheilognathus lanceolatus*

서·남해로 흐르는 하천에 고루 산다. 옆으로 납작하고 긴 타원형 몸에 높이가 낮다. 등 쪽은 은빛 도는 갈색이며, 배 쪽은 은백색이다. 등지느러미 앞부분에 흐린 주황색 무늬가 있다. 납지리와 비슷하지만 뒷지느러미 바깥쪽에 주황색 띠가 있고, 수염이 길다. 조개에 알을 낳는다.

잉어과

크기 5~9cm
사는 곳 자갈이 깔린 곳
먹이 잡식성
알 낳는 때 5~7월
분포 일본

□ 납자루와 비슷하지만 뒷지느러미 바깥 부분에 주황색 띠가 없고, 수염도 짧다.

잉어과

크기 6~8cm
사는 곳 모래와 진흙이
　　　　　깔린 곳
먹이 잡식성
알 낳는 때 9~11월
분포 일본

납지리 *Acheilognathus rhombeus*

서·남해로 흐르는 하천에 고루 산다. 은빛 도는 푸른색 몸이 옆으로 납작하고, 높은 타원형이다. 옆줄 등지느러미 앞이나 뒤부터 꼬리지느러미 기부까지 옅은 갈색과 푸른색 줄이 있고, 아가미 뒷부분 위쪽에 옅은 푸른색 반점이 있다. 조개에 알을 낳으며, 납자루 무리 중 유일하게 겨울에 알을 낳는다.

□동양화의 은은한 묵 향을 연상케 한다.

묵납자루 *Acheilognathus signifer*

한강과 임진강 수계의 여울 끝자락에 산다. 검푸른 몸에 배 쪽은 갈색이 도는 엷은 푸른색이다. 몸 높이는 비교적 높고, 등의 곡선이 급하게 기울었다. 등지느러미가 크고 가장자리는 완만한 곡선을 이루며, 넓고 노란 띠가 있다. 입가에 수염이 한 쌍 있다. 조개에 알을 낳는다.

잉어과	
크기	5~10cm
사는 곳	자갈과 진흙이 깔린 곳
먹이	잡식성
알 낳는 때	5~6월
분포	고유종

1 혼인색을 띤 수컷. 2 산란관이 보이는 암컷. 3 번식기가 되어 추성이 발달한 수컷. 4 알을 낳기 위해 조개에 관심을 보이는 암컷(위)과 수컷(아래). 5 조개 속에서 나온 노란색 묵납자루 알.

□ 혼인색과 추성을 띤 수컷.(위)
□ 배 밑에 산란관이 보이는 암컷.(아래)

칼납자루 *Acheilognathus koreensis*

금강 수계 남쪽의 서·남해로 흐르는 하천 수초 지대에 산다. 은빛 도는 진한 갈색 몸에 배 쪽은 연하다. 뒷지느러미는 검은색과 누런색 띠가 반복적으로 이어져 있다. 입가에 비교적 긴 수염이 한 쌍 있다. 조개에 알을 낳는다.

잉어과

크기 5~8cm
사는 곳 진흙과 자갈이
깔린 수초 지대
먹이 잡식성
알 낳는 때 5~6월
분포 고유종

□ 전체적으로 칼납자루보다 부드러운
느낌이다.(위)
□ 혼인색과 추성을 띤 수컷.(아래)

크기 5~6cm
사는 곳 모래나 진흙,
자갈이 깔린
수초 지대
먹이 잡식성
알 낳는 때 5~7월
분포 고유종

임실납자루 *Acheilognathus somjinensis*

섬진강 수계의 임실, 관촌 등에 제한적으로 산다.
입 부분이 둥글며, 등지느러미가 높고 짧으며 기울
기가 급하다. 전체적으로 칼납자루보다 부드러운
느낌이다. 수염이 한 쌍 있고, 조개에 알을 낳는다.

■ 암컷(위)과 수컷(아래).(위)
■ 혼인색과 추성을 띤 수컷.(왼쪽)
■ 알을 낳기 위해 조개에 관심을
　보이는 암컷.(오른쪽)

줄납자루 *Acheilognathus yamatsutae*

동해로 흘러드는 하천을 제외한 전국에 산다. 몸 높이가 납자루 무리 가운데 가장 낮다. 옆줄을 따라 아가미 뒤부터 꼬리지느러미 기부까지 옅고 푸른 줄이 있다. 등지느러미와 뒷지느러미에 검은 띠가 3~4개 있고, 입은 뾰족한 편이며, 긴 수염이 한 쌍 있다. 조개에 알을 낳는다.

잉어과

크기 6~10cm
사는 곳 진흙과 자갈이 깔린 곳
먹이 수서곤충, 식물성 플랑크톤
알 낳는 때 5~7월
분포 고유종

□ 줄납자루보다 초록빛이 강하다.(위)
□ 혼인색과 추성을 띤 수컷(아래)

잉어과

크기 9~11cm
사는 곳 수심이 깊고, 자갈이 깔린 곳
먹이 수서곤충
알 낳는 때 5~7월
분포 고유종

큰줄납자루 *Acheilognathus majusculus*

섬진강과 낙동강 수계 일부에 산다. 줄납자루와 비슷하나, 몸이 크고 초록빛이 강하다. 아가미 뒤부터 꼬리지느러미 기부까지 옆줄을 따라 초록색 줄이 있고, 짧은 수염이 한 쌍 있다. 등지느러미와 뒷지느러미에 검은 띠와 흰 띠가 번갈아 세 개씩 있다. 조개에 알을 낳는다.

□ 평상시 수컷. 각시붕어와 비슷하나, 몸빛이 좀더 어둡다.

한강납줄개 *Rhodeus pseudosericeus*

잉어과

남한강 상류 일부에 제한적으로 산다. 등 쪽은 어두운 은빛 도는 갈색이고, 배 쪽은 금속 광택이 있는 은빛 도는 갈색이다. 등지느러미 중간 부분부터 꼬리지느러미 기부까지 푸른색 가는 줄이 있다. 등지느러미와 뒷지느러미 기부의 검은색이 엷다. 조개에 알을 낳는다.

크기 5~9cm
사는 곳 진흙과 자갈이 깔린 수초 지대
먹이 잡식성
알 낳는 때 5~7월
분포 고유종

1 혼인색과 추성을 띤 수컷. 2 배지느러미 뒤에 산란관이 보이는 암컷. 3 번식기가 되어 추성을 띤 수컷.

□ 골재를 채취하느라 모래 바닥이 파괴되어 보기 힘들어졌다.

흰수마자 *Gobiobotia nakdongensis*

임진강, 한강, 금강, 낙동강 지류 중·하류에 매우 드물게 산다. 몸은 누런빛을 띤 갈색이며, 옆줄을 따라 흰색과 갈색 반점이 7~8개 있다. 입이 아래를 향해 모래 속으로 파고들기 좋다. 입과 턱 아래에 긴 수염이 네 쌍 있는데, 이 수염이 흰색이라서 흰수마자라는 이름이 붙었다.

잉어과

크기 4~8cm
사는 곳 모래가
　　　　 깔린 곳
먹이 수서곤충
알 낳는 때 6월(추정)
분포 고유종

□ 등과 꼬리지느러미의 무늬가 돌마자보다 크고 진하다.

잉어과

크기 5~8cm
사는 곳 모래와 진흙이
깔린 곳
먹이 부착조류, 유기물
알 낳는 때 5~7월(추정)
분포 고유종

왜매치 *Abbottina springeri*

서 · 남해로 흐르는 하천에 산다. 엷은 갈색 몸에 진한 갈색 반점들이 있다. 입이 아래로 향해 돌이나 바위의 부착조류를 먹기 좋으며, 짧은 수염이 한 쌍 있다. 돌마자와 비슷하지만, 등지느러미와 꼬리지느러미에 있는 갈색 반점들이 더 크고 진하다.

1 왜매치와 비슷하다.   2 먹이를 먹는다.   3 입에 피질돌기가 발달해 부착조류를 뜯어 먹기 좋다.   4 번식기가 되면 검은색을 띠는 수컷.

돌마자 *Microphysogobio yaluensis*

전국 하천에 고루 산다. 짧고 뭉툭한 입이 아래로 향하고, 윗입술에 피질돌기가 있어 돌이나 바위의 부착조류를 먹기 쉽다. 입가에 수염이 한 쌍 있다. 등지느러미와 꼬리지느러미에 엷은 갈색 점이 줄지어 있고, 가슴지느러미 기부가 붉다. 암컷이 돌과 이끼 사이에 알을 낳아 붙이면 수컷이 지킨다.

잉어과

크기 5~12cm
사는 곳 자갈과 모래가 깔린 곳
먹이 부착조류, 수서곤충
알 낳는 때 5~6월
분포 고유종

□ 위험을 느끼면 모래 속에 숨는다.(위)
□ 주변 환경에 따라 보호색을 띤다.(왼쪽)
□ 입에 피질돌기가 발달했고, 먹이를 입으로 흡수해 걸러 먹는다.(오른쪽)

잉어과

크기 13~25cm
사는 곳 모래가 깔린 곳
먹이 모래 속 수서곤충, 유기물
알 낳는 때 5~7월
분포 중국, 일본

모래무지 *Pseudogobio esocinus*

서·남해로 흐르는 하천에 고루 산다. 은빛 도는 밝은 갈색 몸에 옆줄을 따라 큰 반점이 7~8개 있다. 뒷지느러미를 제외한 지느러미에 작은 띠들이 있다. 비교적 길고 아래쪽을 향한 입으로 모래를 빨아들여 그 속에 있는 유기물을 걸러 먹은 뒤 아가미 밖으로 뱉는다. 모래 속에 알을 낳는다.

◘ 돌마자보다 입이 뾰족하며 피질돌기가 발달했고, 수염이 1쌍 있다.

모래주사 *Microphysogobio koreensis*

잉어과

섬진강과 낙동강 수계에 산다. 엷은 푸른빛과 은빛이 도는 갈색 몸에 배 쪽은 은백색이다. 옆줄을 따라 아가미 뒤부터 꼬리지느러미 기부까지 가늘고 푸른 줄이 있다. 등지느러미와 꼬리지느러미에 작은 반점들이 있다. 서식지가 파괴되어 개체수가 급격히 줄었다.

크기 7~10cm
사는 곳 자갈이 깔린 곳
먹이 부착조류
알 낳는 때 6월(추정)
분포 고유종

1 앞에서 본 머리 모양. 2 옆에서 본 머리 모양. 3 입에 피질돌기가 발달하여 부착조류를 뜯어 먹기 좋다.

□ 모래와 자갈이 깔린 곳에 산다.(위)
□ 몸을 가로지르는 줄 3개가 뚜렷하다.(아래)

줄종개 *Cobitis tetralineata*

섬진강 수계에 산다. 몸에 꼬리까지 이어지는 줄이
세 개 있으며, 가운데 줄은 가늘고 위와 아래 줄은
굵은 편이다. 입에서 시작해 눈을 가로지르는 갈색
선이 등에 이르러 굵은 반점으로 바뀌어 꼬리까지
이어진다. 입에 긴 수염이 세 쌍 있고, 등지느러미
와 꼬리지느러미에 검은 띠가 2~3개 있다.

미꾸리과
크기 8~15cm
사는 곳 모래와 자갈이 깔린 곳
먹이 잡식성(추정)
알 낳는 때 6~7월(추정)
분포 고유종

□ 옆줄의 넷째 줄이 점점이 있다.(위)
□ 위험을 느끼면 모래 속에 숨는다.(아래)

미꾸리과

크기 6~12cm
사는 곳 모래와 진흙이
　　　　　 깔린 곳
먹이 잡식성
알 낳는 때 5~7월(추정)
분포 중국,
　　　　 시베리아 동부

점줄종개 *Cobitis lutheri*

서·남해로 흐르는 하천에 고루 산다. 입 끝에서 눈을 가로지르는 갈색 선이 등을 따라 꼬리까지 이어지며, 뒷부분에서 다른 줄과 섞인다. 옆줄의 무늬는 표범 무늬처럼 잘고, 밑의 무늬는 붓으로 찍은 듯 굵은 반점이다. 조개에 알을 낳는다.

□ 낙동강과 형산강 수계에서만 볼 수 있다.(위)
□ 모래가 깔린 곳에 무리지어 산다.(아래)

기름종개 *Cobitis hankugensis*

미꾸리과

낙동강과 형산강 수계에만 산다. 몸은 누런빛을 띤 엷은 갈색이다. 갈색 무늬 네 개가 입 끝부터 눈을 가로질러 등에서 불규칙하게 바뀌는데 줄 모양으로 꼬리까지 이어지며, 뒷부분에 이르러 섞인다. 수염 세 쌍 중 마지막 것이 가장 길다. 꼬리지느러미와 등지느러미에 갈색 띠가 2~3개 있다.

크기 10~15cm
사는 곳 모래가 깔린 곳
먹이 잡식성
알 낳는 때 5~6월(추정)
분포 중국

□ 강릉 남대천 북쪽 동해로 흐르는
　하천에서만 볼 수 있다.(위)
□ 눈을 가로지르는 줄이 검다.(아래)

미꾸리과

크기 8~10cm
사는 곳 모래가 깔린 곳
먹이 잡식성
알 낳는 때 6~7월(추정)
분포 고유종

북방종개 *Cobitis melanoleuca*

강릉 남대천보다 북쪽의 동해로 흐르는 하천에 산다. 몸이 가늘고 긴 편이며, 꼬리 쪽은 더 가늘고 납작하다. 등 쪽에 굵은 갈색 띠가 12~13개 있고, 옆줄을 따라 위에는 불규칙한 점들이 꼬리까지 이어지며, 아래는 붓으로 찍은 듯한 굵은 반점 13~14개가 꼬리까지 이어진다. 수염이 세 쌍이 있다.

1 배 쪽의 톱니 모양 무늬가 꼬리까지 이어진다. 2 먹이를 먹는 참종개. 3 수염이 3쌍 있다. 4 낙엽이 쌓일 정도로 물 흐름이 느린 곳에 산다.

참종개 *Iksookimia koreensis*

노령산맥보다 북쪽 지역의 한강, 금강, 만경강, 동진강 수계, 삼척 오십천과 미읍천에 산다. 머리에 작은 반점이 퍼져 있고, 등에는 굵은 띠들이 꼬리까지 이어진다. 옆줄을 따라 불규칙한 반점이 있고, 등지느러미와 꼬리지느러미에 띠가 3~4개 있다.

미꾸리과

크기 8~15cm
사는 곳 모래나 자갈이
　　　　　깔린 곳
먹이 잡식성
알 낳는 때 6~7월(추정)
분포 고유종

□ 모래 사이의 규조류를 먹고 산다.(위)
□ 위험을 느끼면 모래 속에 숨는다.(왼쪽)
□ 수컷이 암컷의 배를 휘감아 알을 낳게 한다.(오른쪽)

미꾸리과	
크기	6~12cm
사는 곳	고운 모래가 깔린 곳
먹이	규조류
알 낳는 때	5~6월
분포	고유종

미호종개 *Iksookimia choii*

금강 수계의 일부 작은 하천에 살며, 미호천에서 처음 발견되어 붙은 이름이다. 참종개와 비슷하나 몸이 작고, 진한 갈색 반점도 작다. 등의 띠와 몸통의 붓으로 찍은 것 같은 무늬가 엇갈려 있어 표범 무늬를 연상시킨다. 서식지가 파괴되어 개체수가 급격히 줄어 천연기념물 454호로 지정되었다.

□ 옆줄을 따라 있는 작은 반점들이 배 쪽의 반점들과 연결된다.

동방종개 *Iksookimia yongdokensis*

미꾸리과

크기 8~10cm
사는 곳 모래와 자갈이
　　　　　깔린 곳
먹이 잡식성
알 낳는 때 6월(추정)
분포 고유종

형산강, 영덕 오십천, 축산천, 송천천에 산다. 몸이 굵고 통통한 편이며, 입이 뭉툭하고, 등에 굵은 갈색 띠가 7~9개 있다. 왕종개와 비슷하나, 아가미 뒤에서 배 쪽으로 향한 첫째 무늬가 흐리다. 수염이 세 쌍 있으며, 마지막 수염이 가장 길다. 꼬리와 등지느러미에 불규칙한 띠가 있다.

□ 남방종개와 비슷하나 아가미 바로 뒤쪽 무늬가
진하고, 배 쪽으로 내려오는 무늬도 길고 굵다.(위)
□ 수염이 굵고 길다.(아래)

미꾸리과

크기 10~18cm
사는 곳 자갈이 깔린 곳
먹이 잡식성
알 낳는 때 5~7월(추정)
분포 고유종

왕종개 *Iksookimia longicorpa*

섬진강, 낙동강 수계 등 남해안으로 흘러드는 하천
에 산다. 미꾸리과 중에서 몸이 가장 길고 굵다. 등
쪽에 있는 굵고 진한 갈색 띠 9~10개가 옆줄을 따
라 있는 불규칙하고 굵은 구름 무늬와 연결된다. 수
염이 세 쌍 있고, 등과 꼬리지느러미에는 갈색 띠가
3~4개 있다.

□ 배 쪽에 작고 뾰족한 무늬가 있다.(위)
□ 등에 굵은 띠가 여러 개 있다.(아래)

남방종개 *Iksookimia hugowolfeldi*

영산강, 탐진강 수계, 서·남해의 작은 하천에 산다. 몸은 엷은 갈색이고, 등에 있는 굵은 갈색 띠가 옆줄을 따라 있는 불규칙한 구름 무늬와 연결되며, 배 쪽으로 작고 뾰족한 무늬가 9~11개 있다. 동방종개와 비슷하나, 몸통의 무늬가 작다. 긴 수염이 세 쌍 있다.

미꾸리과	
크기	10~15cm
사는 곳	모래와 자갈이 깔린 곳
먹이	잡식성
알 낳는 때	6월(추정)
분포	고유종

□ 몸 전체에 흩뿌린 듯한 반점이
있다.(위)
□ 입이 뾰족하며, 유기물을 빨아서
걸러 먹는다.(왼쪽)
□ 자갈 사이를 잘 파고든다.(오른쪽)

미꾸리과

크기 10~18cm
사는 곳 모래와 자갈이
  깔린 곳
먹이 잡식성
알 낳는 때 6~7월(추정)
분포 고유종

새코미꾸리 *Koreocobitis rotundicaudata*

임진강과 한강 수계 일부에 제한적으로 산다. 얼룩
새코미꾸리보다 반점 크기가 작고, 몸빛이 갈색을
띤 주황색이며, 등지느러미와 꼬리지느러미 바깥쪽
으로 선명한 띠가 있다. 입이 길고 뾰족하며, 수염이
세 쌍 있다. 입으로 유기물을 빨아들여 아가미 뒤쪽
으로 내뱉는다. 야행성으로 밤에 먹이를 찾는다.

□ 몸 전체가 노랗다.(위)
□ 머리의 검은 반점이 새코미꾸리보다 크다.(아래)

얼룩새코미꾸리 *Koreocobitis naktongensis*

미꾸리과

크기 10~18cm
사는 곳 자갈이 깔린 곳
먹이 잡식성
알 낳는 때 5~6월(추정)
분포 고유종

낙동강 수계 일부에 제한적으로 산다. 갈색 물감을
붓에 묻혀 뿌린 듯한 반점이 몸 전체에 퍼져 있다.
몸빛이 노란색이며, 등지느러미와 꼬리지느러미에
띠가 3~4개 있다. 입이 길고 뾰족하며, 수염이 세
쌍 있다. 야행성으로 밤에 먹이를 찾는다. 2000년에
신종으로 기록되었다.

▫ 낙동강 수계의 자갈이 깔린
　곳에만 산다.(위)
▫ 얼굴의 표범 무늬가
　특징이다.(왼쪽)
▫ 낮에는 주로 돌 틈에
　숨어 있다가 밤에 나온다.(오른쪽)

크기 10~13cm
사는 곳 자갈이 깔린 곳
먹이 잡식성
알 낳는 때 12월~
　　　　　　이듬해 1월
분포 고유종

수수미꾸리 *Niwaella multifasciata*

낙동강 수계 일부에 제한적으로 산다. 작고 뭉툭한 머리에 둥글고 작은 반점들이 촘촘하다. 등에서 배 쪽으로 굵은 띠가 있다. 비교적 짧은 수염이 세 쌍 있다. 미꾸리 무리 가운데 제일 구별하기 쉽다. 돌 틈과 밑에 숨어서 먹이를 찾는다.

□ 눈동자개와 생김새로 구별하기 어렵다. 야행성으로 돌 밑을 좋아한다.(위)
□ 동자개 무리 중에서 수염이 가장 짧다.(아래)

대농갱이 *Leiocassis ussuriensis*

서해로 흐르는 하천에 산다. 머리는 위아래로 납작하고, 몸통 뒤쪽은 좌우로 납작하다. 몸은 짙은 녹갈색이며, 밝고 큰 갈색 반점이 드문드문 퍼져 있다. 눈동자개와 비슷하지만 가슴지느러미 바깥 부분이 매끄럽고, 안쪽에 톱니 모양 가시가 있다. 수염 네 쌍도 동자개 무리 중에서 가장 짧다.

동자개과

크기 15~30cm
사는 곳 모래나 진흙, 자갈이 깔린 곳
먹이 물고기, 새우, 수서곤충,
알 낳는 때 5~6월(추정)
분포 중국

□ 꼬리지느러미가 V자 모양으로 파였다.(위)
□ 긴 수염 4쌍이 특징이다.(아래)

동자개과

크기 10~20cm
사는 곳 모래나 진흙,
　　　　자갈이 깔린 곳
먹이 물고기, 새우,
　　　수서곤충
알 낳는 때 5~7월
분포 대만, 중국

동자개 *Pseudobagrus fulvidraco*

서·남해로 흐르는 하천에 산다. 짙은 녹갈색 몸에 옅은 녹색 표자 모양 무늬가 있다. 동자개 무리 중 입이 뾰족하고 등이 높은 편이며, 꼬리지느러미 가운데가 안쪽으로 깊게 파였다. 수염은 네 쌍이고, 위턱의 수염이 가장 길다. 가슴지느러미에 있는 톱니 모양 가시는 안쪽 것이 크고, 바깥쪽 것은 매우 작다.

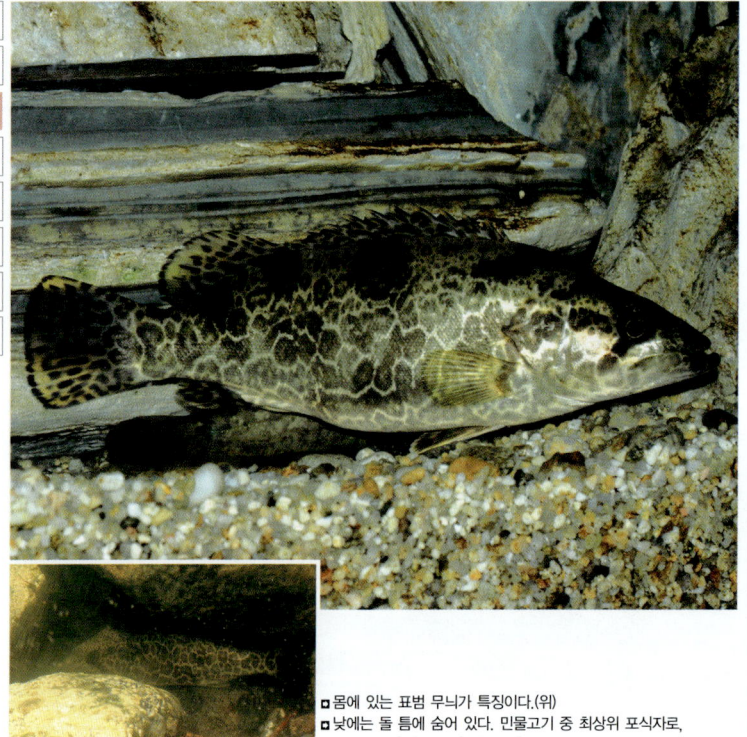

■ 몸에 있는 표범 무늬가 특징이다.(위)
■ 낮에는 돌 틈에 숨어 있다. 민물고기 중 최상위 포식자로,
　먹이 사냥을 활발히 한다.(아래)

쏘가리 *Siniperca scherzeri*

서·남해로 흐르는 하천과 대형 댐의 절벽, 돌이 깔린 곳에 산다. 아래턱이 위턱보다 발달해 물고기 사냥에 적합하다. 몸 전체에 표범 무늬가 있다. 등지느러미의 가시가 발달해 바위나 돌 틈에 숨어 있을 때 지느러미를 펴서 몸을 고정한다. 밤에 여울에서 무리지어 알을 낳고 방정한다.

꺽지과

크기 20~60cm
사는 곳 틈이 많은 암반,
　　　　　돌이 깔린 곳
먹이 물고기
알 낳는 때 5~7월
분포 중국

142

□ 쏘가리 같은 표범 무늬가 없고, 온몸이 누런색이다.(위)
□ 무늬가 깔린 것.(아래)

꺽지과	
크기	20~50cm
사는 곳	틈이 많은 암반, 돌이 깔린 곳
먹이	물고기
알 낳는 때	5~7월
분포	고유종

황쏘가리 *Siniperca scherzeri*

한강, 임진강 수계에서 드물게 발견된다. 쏘가리와 색깔과 무늬만 다르다. 특히 쏘가리에서 보이는 표범 무늬가 없고 온몸이 누런색이며, 무늬가 깔리거나 갈색인 개체도 발견된다. 몸이 누런 것은 돌연변이에 따른 색소변이로 추정된다. 밤에 여울에서 무리지어 알을 낳고 방정한다.

1 아가미뚜껑의 푸른 점이 특징이다. 2 독립하기 직전의 꺽지 새끼들. 3 바위 밑에 붙은 알을 수컷이 지킨다. 4 알을 깨고 나오기 직전. 5 알의 막을 먹어서 쉽게 알을 깨도록 돕는 물두꺼비 올챙이는 공격하지 않는다.

꺽지 *Coreoperca herzi*

전국 하천에 고루 산다. 몸이 짙은 녹갈색이며, 사는 곳에 따라 밝거나 진한 갈색으로 보호색을 띤다. 아가미뚜껑 뒤에 초록빛이 도는 푸른색 점이 있다. 몸에는 구름이나 표범 같은 갈색 무늬가 있다. 돌 밑이나 바위 틈을 좋아하며, 암컷이 바위나 돌 밑에 알을 낳아 붙이면 수컷이 지킨다.

꺽지과

크기 13~25cm
사는 곳 자갈이 깔린 곳
먹이 물고기, 수서곤충
알 낳는 때 5~7월
분포 고유종

□ 등에서 배로 향하는 갈색 띠가 있다.(위)
□ 머리와 등을 가로지르는 굵은 갈색 선이 특징이다.(아래)

꺽지과

크기 10~15cm
사는 곳 모래와 자갈이
깔린 수초 지대
먹이 물고기, 수서곤충
알 낳는 때 5~6월
분포 일본

꺽저기 *Coreoperca kawamebari*

탐진강, 낙동강 수계의 일부 하천에 제한적으로 산다. 전체적으로 꺽지와 비슷하나 머리와 등을 가로지르는 굵고 엷은 갈색 선이 있고, 등에서 배로 향하는 갈색 띠가 8~10개 있다. 꺽지처럼 아가미 뒤쪽 몸에 초록빛이 도는 푸른색 점이 있다. 암컷이 물풀에 알을 낳아 붙이면 수컷이 지킨다.

1 몸에 비해 입이 크다. 2 보호색을 띤 동사리. 3 암컷이 돌 밑에 알을 낳으면 수컷이 지킨다. 4 갈겨니를 먹는다. 돌 밑에 숨어 있다가 해가 지면 먹이를 찾는다.

동사리 *Odontobutis platycephala*

동해로 흐르는 하천을 제외한 전국 하천에 고루 산다. 몸은 갈색 계통이며, 사는 곳에 따라 보호색을 띤다. 머리가 위아래로 납작하고, 아래턱이 위턱보다 길다. 얼룩동사리와 비슷하나 동사리는 몸에 비교적 큰 반점이 세 개 있고, 얼룩동사리는 크고 작은 반점이 온몸에 흩어져 있다.

동사리과

크기 10~18cm
사는 곳 자갈이나 모래가 깔린 곳
먹이 물고기, 수서곤충
알 낳는 때 5~6월
분포 고유종

□ 크고 작은 반점이 온몸에 퍼져 있다. 낮에는 돌 밑에 숨어 있다.

동사리과

크기 10~18cm
사는 곳 모래나 자갈,
　　　　　진흙이 깔린 곳
먹이 물고기, 수서곤충
알 낳는 때 5~7월
분포 고유종

얼룩동사리 *Odontobutis interrupta*

금강보다 북쪽의 서해로 흐르는 하천에 산다. 동사리와 비슷하나, 온몸에 크고 작은 반점이 퍼져 있다. 사는 곳의 환경에 따라 보호색을 띤다. 입이 크고 이빨이 날카로워 한번 잡은 먹이는 놓치지 않으며, 자기보다 큰 물고기도 잡아먹는다. 암컷이 돌 밑이나 틈에 알을 낳으면 수컷이 지킨다.

147

■ 머리에 V자 무늬가 선명하다. 몸빛은 연한 갈색에서 진한 갈색까지 사는 곳에 따라 다르다.

밀어 *Rhinogobius brunneus*

민물고기 가운데 유일하게 섬을 포함한 우리 나라 모든 지역에 고루 산다. 몸에 비해 머리와 입이 크다. 배지느러미에 흡반이 있어 하천 바닥의 돌에 붙어 다닌다. 산란기에는 알 낳는 곳을 중심으로 세력권을 형성해 자주 다툰다. 암컷이 돌 밑에 알을 낳으면 수컷이 지킨다.

망둑어과

크기 5~8cm
사는 곳 자갈이 깔린 곳
먹이 잡식성
알 낳는 때 5~7월
분포 중국, 일본, 대만

1 알을 밴 암컷. 2 혼인색을 띤 수컷. 3 상류로 이동하는 밀어 새끼 무리. 4 배 밑에 흡반이 있다.

□ 가슴지느러미에 가시가 있어 쏘이면 아프다.(위)
□ 퉁가리나 퉁사리보다 위턱이 좀더 길다.(아래)

자가사리 *Liobagrus mediadiposalis*

퉁가리과

크기 6~10cm
사는 곳 자갈이나 돌이 깔린 곳
먹이 수서곤충
알 낳는 때 5~6월
분포 고유종

금강보다 남쪽에 산다. 누런빛을 띠는 갈색 몸은 세로로 납작하며, 머리는 위아래로 납작하다. 퉁가리, 퉁사리와 비슷하나 위턱이 좀더 길다. 긴 수염이 네쌍 있어 자갈이나 돌 밑을 잘 다닌다. 야행성이며 가슴지느러미에 쏘이면 대단히 아프다. 암컷이 돌 밑에 알을 낳고 스스로 지킨다.

▫ 머리가 납작해 돌 틈에
  살기 알맞다.(위)
▫ 야행성이며 가슴지느러미에
  쏘이면 대단히 아프다.(왼쪽)
▫ 긴 수염이 4쌍 있다.(오른쪽)

퉁가리과

크기 6~10cm
사는 곳 자갈이나 돌이
         깔린 곳
먹이 수서곤충
알 낳는 때 5~6월
분포 고유종

퉁가리 *Liobagrus andersoni*

한강, 임진강 수계, 안성천, 삽교천, 무안천에 산다.
누런빛을 띠는 갈색 몸은 세로로 납작하고, 머리는
위아래로 납작하다. 머리 가운데 골이 파여 울퉁불
퉁하다. 가슴지느러미를 지지하는 뼈의 톱니가 퉁
가리는 1~3개, 퉁사리는 3~5개다. 암컷이 돌 밑에
알을 낳고 스스로 지킨다.

□ 흡반으로 돌에 달라붙었다. 성어는 아무것도 먹지 않은 채 4~5일 동안 번식 행위만 하고 바로 죽는다. 모래에 무리 지어 알을 낳고 방정한다.

다묵장어 *Lampetra reissneri*

제주도를 제외한 한강 남쪽 하천에 산다. 칠성장어와 비슷하게 생겼다. 몸은 누런빛을 띠는 갈색이며, 입에 턱이 없고 흡반이 있는 원시어류다. 흡반으로 돌이나 바위에 달라붙는다. 아가미가 없고 눈 뒤에 있는 구멍 일곱 개로 호흡한다. 모래 속에서 유생으로 약 3년을 지낸 뒤 탈바꿈해 성어가 된다.

칠성장어과

크기 8~15cm
사는 곳 모래와 진흙이 깔린 곳
먹이 모래 속 유기물(유생)
알 낳는 때 4월 초순
분포 중국, 일본

1 배 끝에 생식기가 보이는 수컷. 2 돌에 달라붙어 몸을 지탱한다. 3 호흡 구멍 7개가 특징이다. 4 성어가 되기 전의 유생. 5 유생의 불완전한 입. 6 암수가 꼬리를 휘감고 모래 속에 알을 낳는다.

■ 겉모양만으로는 퉁가리와 구별하기 어렵다.(위)
■ 위턱과 아래턱 길이가 같다.(아래)

퉁사리 *Liobagrus obesus*

금강 중류, 만경강과 영산강 상류에 드물게 산다. 퉁가리와 생김새나 습성이 거의 비슷하지만, 사는 지역과 가슴지느러미를 지지하는 뼈의 톱니 수로 구별한다. 가슴지느러미에 쏘이면 대단히 아프다. 암컷이 돌 밑에 알을 낳고 스스로 지킨다.

퉁가리과	
크기	6~10cm
사는 곳	자갈이나 돌이 깔린 곳
먹이	수서곤충
알 낳는 때	5~6월
분포	고유종

■ 종개와 비슷하나 배의 무늬가 잘다.(위)
■ 위에서 본 머리.(아래)

미꾸리과

크기 10~18cm
사는 곳 자갈이 깔린 곳
먹이 잡식성
알 낳는 때 4~5월(추정)
분포 몽골, 중국,
　　　　사할린, 시베리아

대륙종개 *Orthrias nudus*

한강 수계 중 강원도 북부와 삼척 오십천, 미흡천 하류의 물 흐름이 있는 곳에 산다. 종개는 진한 갈색 몸에 굵은 얼룩무늬가 있지만, 대륙종개는 옅은 갈색 몸에 흐리고 가는 얼룩무늬가 촘촘하다. 수염이 세 쌍 있다. 북방계 어류로 몽골, 중국에까지 살아서 대륙종개라는 이름이 붙었다.

□ 가슴지느러미 안팎으로 톱니 모양 가시가 있다.(위)
□ 긴 수염이 4쌍 있다.(아래)

눈동자개 *Pseudobagrus koreanus*

서·남해로 흐르는 하천에 산다. 낙동강에는 원래
살지 않았으나 최근 이입된 것으로 추정된다. 머리
는 위아래로 납작하고, 입은 뭉툭하다. 진한 갈색
몸에 군데군데 흐리고 굵은 무늬가 있으며, 야행성
이다. 잡히면 가슴지느러미로 '빠각빠각' 소리를
내어 빠가사리라고도 부른다.

동자개과

크기 15~30cm
사는 곳 돌이나 자갈이
깔린 곳
먹이 수서곤충, 물고기
알 낳을 때 5~6월(추정)
분포 고유종

▫ 모래무지와 비슷하나, 등지느러미 가장자리가 둥글고 크다.(위)
▫ 치어(아래)

잉어과

크기 8~12cm
사는 곳 모래가 깔린 곳
먹이 잡식성
알 낳는 때 5~6월
분포 중국, 일본

버들매치 *Abbottina rivularis*

서 · 남해로 흐르는 하천에 산다. 은빛 도는 갈색 몸에 옆줄을 따라 눈 크기만한 갈색 반점이 7~8개 있다. 짧은 수염이 한 쌍 있고, 등지느러미와 꼬리지느러미에 검은 점으로 된 띠가 6~7개 있다. 암컷이 진흙에 알을 낳으면 수컷이 지킨다.

ㅁ 참종개와 비슷하나 훨씬 작다.(위)
ㅁ 머리에 작은 반점이 드문드문 있다.(아래)

좀수수치 *Kichulchoia brevifasciata*

전남 일부 반도 지역과 섬에서 제한적으로 발견된
다. 수심이 얕고 물 흐름이 빠른 곳에 살며, 미꾸리
무리 중 가장 작다. 밝은 갈색 몸에 진한 갈색 반점
이 있어 참종개와 비슷하다. 머리에는 수수미꾸리
처럼 작은 갈색 반점이 있다. 사는 곳이 좁아 환경
변화의 영향을 많이 받기 때문에 보호가 절실하다.

미꾸리과

크기 4~5cm
사는 곳 자갈과 모래 속
먹이 잡식성
알 낳는 때 4~5월(추정)
분포 고유종

둑중개과

크기 7~13cm
사는 곳 자갈이 깔린 곳
먹이 작은 수서곤충,
　　　물고기
알 낳는 때 3월 중순
　　　~5월
분포 일본, 러시아

한둑중개 *Cottus hangiongensis*

동해안으로 흐르는 작은 하천 하류의 물 흐름이 빠른 여울에 산다. 몸이 전체적으로 둑중개와 비슷하나 머리 부분이 약간 높고, 몸빛이 진한 회갈색이며, 검푸른 반점이 흩어져 있다. 수컷이 돌 밑에 둥지를 틀고 암컷을 유인해 알을 낳고, 부화 후에도 새끼를 지킨다.

▫ 회갈색 몸에 검푸른 반점이 흩어져 있다.

물 흐름이 거의 없는
하류에 사는 물고기

물길이 거의 직선이며 폭도 넓어진다. 물 흐름이 느리고 수심도 깊다. 물이 탁해 햇빛 투과량이 적다 보니 부착조류나 수생식물도 많지 않아 상류에서 떠내려온 유기물이 물고기의 주요 먹이가 된다. 바닥에는 주로 진흙이나 모래가 쌓여 있다. 오염원도 많이 유입되어 환경 변화에 잘 적응하는 물고기만 살기 때문에 어종은 단순하다.

□ 피라미처럼 옆으로 납작하게 생겼다.(위)
□ 뉘어 놓은 S자 모양의 입.(아래)

끄리 *Opsariichthys uncirostris amurensis*

동해로 흐르는 하천을 제외한 전국 하천 하류에 살며, 댐과 저수지에서도 볼 수 있다. 등은 은빛 도는 갈색이고, 배 쪽은 금속 광택이 나는 은백색이다. 입은 뉘어 놓은 S자 모양이며, 포식성이 아주 강해 작은 물고기와 갑각류, 곤충 등 움직이는 것을 닥치는 대로 먹는다. 무리지어 알을 낳고 방정한다.

잉어과

크기 20~40cm
사는 곳 모래와 자갈이
　　　　　깔린 곳
먹이 물고기, 갑각류,
　　　수서곤충
알 낳는 때 5~6월
분포 중국, 시베리아

□ 수컷은 뒷지느러미 테두리의 흰 띠가 뚜렷하다.(위)
□ 번식기가 되어 산란관이 길게 나온 암컷.(아래)

잉어과

크기 6~15cm
사는 곳 모래와 진흙이
　　　　 깔린 곳
먹이 잡식성
알 낳는 때 5~6월
분포 중국

큰납지리 *Acanthorhodeus macropterus*

동해로 흘러드는 하천을 제외한 전국에 고루 산다.
납자루 무리 중 몸이 높고 큰 편이다. 등은 은빛이
도는 푸른색이고, 배 쪽은 금속 광택이 나는 은백색
이다. 수염은 흔적만 있다. 가시납지리와 비슷하나
아가미 뒤에 푸른 점이 뚜렷하고, 뒷지느러미 테두
리가 흰 띠로 되어 있다. 조개에 알을 낳는다.

□ 뒷지느러미 테두리가 검다.

가시납지리 *Acanthorhodeus gracilis*

잉어과

동해로 흘러드는 하천을 제외한 전국 하천 하류에 고루 산다. 큰납지리와 비슷하나 몸이 그리 높지 않고, 뒷지느러미의 테두리가 검은색 띠로 되어 있다. 꼬리지느러미에서 몸 중앙 쪽으로 난 푸른 줄이 희미하고, 아가미 뒤의 점도 흔적만 있다. 수염이 없고, 조개에 알을 낳는다.

크기 8~12cm
사는 곳 진흙이 깔린 곳
먹이 잡식성(추정)
알 낳는 때 5~8월(추정)
분포 고유종

□ 눈이 붉은 것이 특징이다.

잉어과

크기 20~40cm
사는 곳 물 흐름이 느린 곳
먹이 잡식성
알 낳는 때 6~8월(추정)
분포 중국

눈불개 *Squaliobarbus curriculus*

한강과 금강에 산다. 눈이 붉다고 해서 붙은 이름이다. 눈의 홍채 위에 붉은 점이 있어 붉게 보인다. 몸은 금속 광택이 나는 은백색에 피라미처럼 늘씬하다. 아래턱이 위턱보다 길고, 수염은 없다. 비늘 가운데에 검은 점이 있어 몸 전체에 줄이 7~8개 있는 것처럼 보인다. 포식성이 강하다.

- 미유기와 비슷하나 등지느러미가 더 크다.(위)
- 수컷이 암컷을 휘감아 알을 낳게 한다.(왼쪽)
- 돌연변이 흰 메기.(오른쪽)

메기 *Silurus asotus*

전국에 고루 산다. 어두운 갈색 몸은 좌우로 납작하고, 머리는 위아래로 납작하다. 수염은 아래턱과 위턱에 한 쌍씩 있다. 미유기와 비슷하나 사는 곳이 다르고, 몸체와 등지느러미가 더 크다. 야행성이며 포식성이 강하다. 수면 근처에서 수컷이 암컷을 휘감아 알을 낳도록 한다.

메기과

크기 20~50cm
사는 곳 진흙이 깔린 곳
먹이 수서곤충, 물고기
알 낳는 때 5~7월
분포 중국, 대만, 일본

□돌마자, 왜매치와 비슷하나 훨씬 날씬하다.

잉어과

크기 5~10cm
사는 곳 모래가 깔린 곳
먹이 잡식성
알 낳는 때 5~7월(추정)
분포 고유종

됭경모치 *Microphysogobio jeoni*

낙동강, 금강, 한강, 임진강에 산다. 몸은 엷은 갈색이고, 배 쪽은 은백색이다. 돌마자, 왜매치와 비슷하나 몸빛이 연하고 반점도 흐리며, 전체적으로 날씬한 편이다. 입 모양이 더 뾰족하고, 비늘도 마름모꼴이다. 돌마자는 상류, 됭경모치는 하류에 산다.

◻ 등에 지느러미가 변한 굵은 가시가 있다.

큰가시고기 *Gasterosteus aculeatus*

전국의 강과 연안에 고루 산다. 광택이 나는 금색 몸에 배 쪽은 은백색이다. 혼인색을 띠면 몸은 카키색으로, 입과 배 밑 부분은 주황색으로 변한다. 연안에서 생활하다 알을 낳으러 강으로 올라온다. 수컷은 둥지를 지어 암컷을 끌어들인다. 암컷은 알을 낳은 뒤 죽고, 수컷이 알을 지킨다.

큰가시고기과

크기 8∼12cm
사는 곳 모래와 진흙이 깔린 곳
먹이 동물성 플랑크톤, 수서곤충
알 낳는 때 3∼5월
분포 일본, 유럽, 북아메리카

1 혼인색을 띤 것. 2 가시를 세워 텃새를 부린다.

□ 잔가시고기보다 몸의 무늬가 흐리다.(위)
□ 평소에는 가시가 누워 있다.(아래)

가시고기 *Pungitius sinensis*

동해로 흐르는 강의 중·하류 지역에 살았으나, 최근에는 중부 지방의 서해로 흐르는 강과 저수지에서도 발견된다. 엷은 갈색 몸에 불규칙한 갈색 무늬가 섞여 있다. 등에 가시가 8~9개 있다. 수컷이 지은 둥지에 암컷이 알을 낳으면 수컷이 지킨다.

큰가시고기과

크기 7~9cm
사는 곳 수초 지대
먹이 동물성 플랑크톤, 수서곤충
알 낳는 때 5~6월
분포 일본, 중국

□ 가시고기에 비해 몸의 무늬가 진한 편이다.(위)
□ 혼인색을 띤 것.(아래)

큰가시고기과

크기 7cm
사는 곳 수초 지대
먹이 동물성 플랑크톤,
　　　　수서곤충
알 낳는 때 5~7월
분포 일본(멸종)

잔가시고기 *Pungitius kaibarae*

동해로 흐르는 하천과 경북 영천에 산다. 일본에서
도 살았으나 지금은 발견되지 않는다. 모양은 가시
고기와 비슷하다. 진한 갈색 몸에 구름 모양의 진한
갈색 무늬가 불규칙하게 있다. 등에 가시가 8~9개
있다. 수컷이 지은 둥지에 암컷이 알을 낳으면 수컷
이 지킨다.

□ 백조어와 비슷하지만 강준치는 머리부터 등 쪽까지 거의 직선에 가깝다.(위)
□ 한강에서 잡은 강준치.(아래)

강준치 *Erythroculter erythropterus*

임진강, 한강, 금강에 산다. 몸은 치리처럼 납작하고 은백색이다. 아래턱이 위턱보다 많이 발달해 입이 위를 향한다. 모든 지느러미에는 색깔과 무늬가 없다. 바닥에서 무리지어 있고, 잡히면 금방 죽는다. 알을 낳아 물풀에 붙인다.

잉어과	
크기	30~50cm
사는 곳	물 흐름이 느리고 수량이 많은 곳
먹이	수서곤충, 물고기
알 낳는 때	5~7월
분포	중국, 대만

□ 머리에서 등지느러미까지 기울기가 크다.

잉어과
크기 15~25cm
사는 곳 물 흐름이 느리고 넓은 곳
먹이 갑각류, 수서곤충, 물고기
알 낳는 때 5~7월(추정)
분포 중국, 대만

백조어 *Culter brevicauda*

낙동강, 영산강, 금강에 산다. 몸은 금속 광택이 도는 은백색이며, 아래턱이 위턱보다 많이 발달해 입이 위를 향한다. 강준치와 비슷하지만, 머리부터 등쪽 곡선이 휘어 등지느러미까지 기울기가 크다. 등지느러미 기부가 약간 검은 것을 제외하면 모든 지느러미에 무늬나 색깔이 없다.

□ 몸이 날렵한 유선형이다.

치리 *Hemiculter eigenmanni*

서·남해로 흐르는 강에 산다. 은빛 도는 푸른색 몸이 피라미처럼 납작하고 긴 편이다. 입은 아래턱이 위턱보다 길다. 옆줄을 따라 엷은 갈색 줄이 있으며, 등은 높지 않고 꼬리지느러미가 긴 편이다. 물높이의 중간쯤이나 수면 가까이 살며 빠르게 헤엄친다. 성질이 급해 잡히면 금방 죽는다.

잉어과

크기 15~20cm
사는 곳 물 높이
　　　　중간에서
　　　　수면 사이
먹이 잡식성
알 낳는 때 6~7월(추정)
분포 헤이룽(黑龍) 강

□ 등지느러미와
꼬리지느러미는
둥글며, 테두리에
흰 띠가 있다.(위)
□ 입이 위로 향하고,
머리가 납작하다.
(왼쪽 · 오른쪽)

망둑어과

크기 8~10cm
사는 곳 진흙과 자갈이
깔린 곳
먹이 수서곤충, 실지렁이
알 낳는 때 5~7월
분포 일본, 시베리아

꾹저구 *Chaenogobius urotaenia*

전국 연안의 기수 지역에 산다고 알려졌지만, 중부
지방 저수지나 큰 호수에도 많이 산다. 밝은 누런빛
이 도는 갈색 몸에 배는 희거나 노랗다. 몸 전체에
등에서 배까지 이어지는 불규칙한 구름 모양 무늬
가 있다. 배지느러미는 합쳐져 흡반 모양을 이룬다.
암컷이 돌 밑에 알을 낳으면 수컷이 지킨다.

□ 밀어와 비슷하나, 아가미 부분에 진한 갈색 사선이 5~6개 있고, 머리에 V자 무늬가 없다.

갈문망둑 *Rhinogobius giurinus*

기수 지역에 산다고 알려져 있지만, 전국의 호수와 저수지에 고루 산다. 엷은 갈색 몸에 진한 갈색 반점이 퍼져 있다. 가슴지느러미가 붙어 형성된 흡반이 잘 발달했다. 암컷이 돌 밑에 알을 낳으면 수컷이 지킨다.

망둑어과

크기 7~10cm
사는 곳 자갈이나 진흙이 깔린 곳
먹이 잡식성
알 낳는 때 7~8월
분포 중국, 일본

1 흡반으로 부착할 수 있다. 2 혼인색을 띤 수컷.

■ 가슴지느러미에 연한 주황색 굵은 띠가 있다.

민물검정망둑 *Tridentiger brevispinis*

전국에 고루 산다. 진한 갈색 몸이 전체적으로 뭉툭
하고 둥근 편이다. 머리에 옥색을 띠는 작은 반점이
넓게 퍼져 있고, 몸 뒤쪽에는 하늘색 점들로 연결된
줄이 꼬리지느러미까지 이어진다. 배지느러미가 변
형된 흡반이 발달해 돌에 잘 붙는다. 텃세가 심하
다. 암컷이 돌 밑에 알을 낳으면 수컷이 지킨다.

망둑어과

크기 8~13cm
사는 곳 자갈이 깔린 곳
먹이 잡식성
알 낳는 때 5~7월
분포 일본

1 돌 밑에 알을 낳아
  붙인다.
2 혼인색을 띤 것.
3·4 알 낳을 곳을
  입으로
  청소한다.
5 몸에 비해 머리와
  입이 크다.

□ 등과 옆줄을 따라 줄 2개가 선명하다.

민물두줄망둑 *Tridentiger bifasciatus*

갯벌을 포함한 전국의 기수 지역과 강에 고루 살 정
도로 사는 곳이 광범위하다. 망둑어 무리 중 몸이
통통한 편이다. 엷은 갈색 몸에 입이 뭉툭하다. 알
낳을 무렵 수컷은 몸이 검게 변하며, 텃새가 심하
다. 암컷이 돌 밑에 알을 낳으면 수컷이 지킨다.

망둑어과

크기 6~10cm
사는 곳 자갈이나
　　　　　진흙이 깔린 곳
먹이 갑각류, 실지렁이
알 낳는 때 5~7월
분포 중국, 일본

댐이나 호수에
사는 물고기

댐과 저수지를 포함한 호수는 수량이 풍부하고 수위가 일정한 편이다. 하지만 물이 흐르지 못하고 퇴적물이 쌓여 자정 능력이 떨어지고 오염되기 쉽다. 물은 뒤섞이지 않고 층을 이루며, 수심이 깊다 보니 햇빛 공급이 원활하지 않아 부착조류나 수생식물들이 광합성을 못 한다. 따라서 산소 포화도가 낮고 먹이도 적다. 환경이 단순해서 물고기 종류도 단순해지고, 주로 대형인 것이 많다. 최근 베스와 블루길 같은 외래종이 유입되어 급속도로 번지고 있다.

□ 혼인색을 띤 수컷. 납자루들 중에서 몸이 높은 편이다.(위)
□ 번식기가 되면 조개에 관심을 보이는 수컷.(아래)

흰줄납줄개 *Rhodeus ocellatus*

잉어과

동해로 흘러드는 하천을 제외한 전국의 강과 저수
지, 호수에 산다. 옆으로 납작하고 몸이 아주 높다.
입이 튀어나왔고, 머리 뒤에서 등지느러미까지 등
의 곡선 기울기가 급하다. 번식기가 되면 수컷은 밝
은 분홍색과 카키색으로 혼인색을 띤다. 조개에 알
을 낳는다.

크기 5~8cm
사는 곳 수초 지대
먹이 잡식성
알 낳는 때 5~8월
분포 일본, 중국, 북한

ㅁ잉어와 비슷하지만, 비늘이 잘고 수염이 없다.

잉어과

크기 10~35cm
사는 곳 진흙과 모래가
　　　　　깔린 수초 지대
먹이 잡식성
알 낳는 때 4~6월
분포 아시아, 유럽

붕어 *Carassius auratus*

환경 적응력이 뛰어나 전국에 고루 산다. 은빛 도는 갈색 몸은 긴 타원형이다. 최근 낚시용, 약용, 식용으로 중국과 일본에서 수입된 붕어가 하천에 방류·유입되면서 토종 붕어와 유전자 교란이 일어나 변종 붕어가 발견된다. 앞으로 분류학적 연구가 필요하다. 물가 물풀에 알을 낳는다.

▫ 붕어와 비슷하나, 몸이 낮고 수염이
   2쌍 있다.(위)
▫ 수염 2쌍이 뚜렷하다.(아래)

잉어 *Cyprinus carpio*

전국의 강이나 댐에 고루 산다. 전체적으로 붕어와
비슷하나, 몸통이 크고 몸 높이가 낮으며, 수염이
두 쌍이 있다. 비늘도 붕어보다 크고 촘촘하다. 중국
에서 들여 온 잉어가 토종 잉어와 유전자 교란을 일
으켜, 잉어와 붕어의 특징을 보이는 '잉붕어'가 발
견된 기록이 있다. 물가 물풀에 알을 낳는다.

잉어과

크기 30~80cm
사는 곳 진흙과 모래가
   깔린 수초 지대
먹이 잡식성
알 낳는 때 4~6월
분포 아시아, 유럽

□ 머리는 아래위로 납작하고, 몸은 좌우로 납작하다.(위)
□ 입이 위로 향해 수면 위의 먹이를 먹는다.(아래)

가물치과

크기 30~80cm
사는 곳 수초 지대
먹이 물고기, 개구리,
　　　　새우 등
알 낳는 때 5~7월
분포 중국, 일본

가물치 *Channa argus*

전국에 고루 산다. 몸은 갈색이 도는 녹색이며, 등
과 몸통에 지도 같은 회녹색 무늬들이 있다. 아가미
호흡뿐만 아니라 공기 호흡도 가능해 겨울이나 날
이 가물 때 진흙 속에서 장시간 지낼 수 있다. 수면
가까운 수초 지대에 원형 둥지를 만들어 알을 낳고
암수가 지킨다.

□ 몸에 무늬가 없는 것이 특징이다.(위)
□ 먹이를 먹어 배가 불룩하다.(아래)

쌀미꾸리 *Lefua costata*

전국에 분포하지만 발견하기 어렵다. 종개 무리 중
에서 제일 구별하기 쉽다. 다른 종개들에서 보이는
특징적인 무늬가 없고, 아주 작은 반점이 온몸에 흩
어져 있다. 전체적으로 갈색을 띠며, 몸 중앙을 가
로지르는 짙은 줄만 있다. 입이 짧고 뭉툭하며, 수
염이 네 쌍이 있다. 물풀에 알을 낳는다.

미꾸리과

크기 4~7cm
사는 곳 수초 지대
먹이 수서곤충
알 낳는 때 4~6월
분포 중국, 시베리아

□ 미꾸라지보다 수염이 짧다.(위)
□ 미꾸리(위)가 미꾸라지(아래)보다 통통하다.
　미꾸라지는 몸이 좌우로 납작하고,
　미꾸리는 원통형이다.(아래)

미꾸리과

크기 10~17cm
사는 곳 진흙이 깔린
　　　　수초 지대
먹이 모기 유충,
　　　유기물 등
알 낳는 때 6~7월
분포 중국, 일본

미꾸리 *Misgurnus anguillicaudatus*

전국에 산다. 갈색 몸에 작고 얼룩얼룩한 점들이 흩어져 있다. 아가미 호흡 외에도 장으로 호흡을 해 산소가 희박한 물이나 물 밖에서도 오래 버틴다. 윗입술 가장자리에 수염이 세 쌍 있고, 아랫입술 가운데에 수염처럼 긴 돌기가 있다. 수컷이 암컷의 몸을 휘감아 알을 낳게 한다.

ㅁ밀어와 비슷하나, 머리에 V자 모양의 붉은 줄이 없다.

좀구굴치 *Micropercops swinhonis*

동사리과

크기 4~5cm
사는 곳 물 흐름이 느린
　　　　수초 지대
먹이 물벼룩, 요각류,
　　　실지렁이 등
알 낳는 때 5~6월
분포 중국

전북에만 사는 것으로 알려져 있으나, 최근에 경기도와 충청남도에서도 사는 것이 확인되었다. 작은 종으로 몸에 비해 머리가 큰 편이며, 누런빛을 띤 갈색이다. 등지느러미와 꼬리지느러미에 엷은 검은색과 갈색 띠 4~5개가 교대로 있다. 암컷이 돌 밑에 알을 낳으면 수컷이 지킨다.

웅덩이나 농수로에
사는 물고기

면적이 좁고 바닥은 유기물을 포함한 진흙으로 되어 있다. 물풀이 많고 수서곤충들이 알을 낳는 곳이다. 동물성 플랑크톤이 많고 광합성이 원활해 먹이가 풍부하다. 그러나 계절과 기상 등 여러 요인에 따라 수위 변동이 심해 물고기의 종류가 비교적 단순하다. 경지 정리로 많은 농수로와 웅덩이가 없어지면서 버들붕어 같은 물고기들이 급격히 사라지고 있다.

□ 대륙송사리와 비슷하나 좀더 크며, 몸 뒤쪽에 검은 점이 많다.

송사리 *Oryzias latipes*

전국에 산다. 몸은 엷은 갈색이고, 입이 위를 향해 수면 생활에 적합하다. 머리부터 등지느러미까지 직선이고, 등지느러미부터 꼬리지느러미까지가 입부터 등지느러미까지의 3분의 1 정도로 매우 짧다. 모기 유충의 천적이며, 물풀에 알을 낳는다.

송사리과

크기 4cm
사는 곳 늪, 수로
먹이 플랑크톤, 모기 유충
알 낳는 때 5~7월
분포 일본

■ 몸 전체에 작고 검은 반점이 있지만, 송사리처럼 뚜렷하지 않고 작은 편이다.

송사리과

크기 3~4cm
사는 곳 늪, 수로
먹이 플랑크톤,
　　　모기 유충
알 낳는 때 5~7월
분포 중국

대륙송사리 *Oryzias sinensis*

서해로 흐르는 하천과 서해안의 섬 지방에 산다. 생김새나 생활사가 송사리와 비슷해 구별하기 어렵다. 둘 다 수컷의 등지느러미와 뒷지느러미가 암컷보다 크고, 번식기가 되면 수컷의 지느러미가 검은색을 띤다. 물풀에 알을 낳는다.

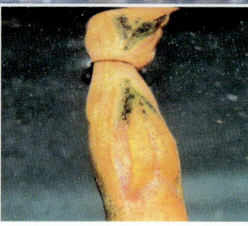

- □ 지느러미가 없다.(위)
- □ 굴을 파기 좋게 생긴 머리.(왼쪽)
- □ 공기 호흡을 하러 수면으로 올라온다.(오른쪽)

드렁허리 *Monopterus albus*

서·남해로 흐르는 강에 산다. 꼬리지느러미는 흔적만 있다. 눈이 아주 작고 피막으로 싸여 있다. 입 끝을 물 밖으로 내놓고 공기 호흡을 한다. 진흙 속에 살면서 가물 때는 진흙에 구멍을 파고 들어간다. 자라면서 환경에 따라 암수의 성이 바뀌기도 한다. 논두렁에 구멍을 파서 농부들이 싫어한다.

드렁허리과

크기 30~60cm
사는 곳 진흙이 깔린 곳
먹이 물고기, 곤충
알 낳는 때 6~7월(추정)
분포 일본, 중국, 인도네시아

▫ 옆줄을 따라 금색
광택이 나는 선이
있다.(위)
▫ 무리를 이룬다.(왼쪽)
▫ 혼인색을 띤
개체(오른쪽)

잉어과

크기 4~6cm
사는 곳 수초 지대
먹이 수서곤충,
　　모기 유충 등
알 낳는 때 5~6월
분포 대만, 중국, 일본

왜몰개 *Aphyocypris chinensis*

동해로 흐르는 강을 제외한 전국에 고루 산다. 작고 뭉툭한 몸은 누런빛을 띤 갈색이며, 지느러미는 투명하다. 참붕어와 비슷하나 입이 뭉툭하고 비늘에 작은 점들이 없으며, 몸통을 가로지르는 금색 선이 있다. 떼지어 다니며 모기 유충을 잡아먹는다. 물풀에 알을 낳는다.

□ 미꾸리와 비슷하나, 몸이 옆으로 더 납작한 편이다.(위)
□ 수염이 발달했다.(왼쪽)
□ 돌연변이 미꾸라지가 종종 발견된다.(오른쪽)

미꾸라지 *Misgurnus mizolepis*

전국에 산다. 전체적으로 미꾸리와 비슷하나 몸이 좌우로 납작하며, 수염도 길다. 논을 파고 들어가 겨울을 난다. 옛날부터 보양식으로 인기가 있어 양식을 많이 한다. 최근 중국에서 수입되어 토종 미꾸라지와 유전자 교란이 우려된다. 수컷이 암컷을 휘감아 알을 낳는다.

미꾸리과

크기 12~20cm
사는 곳 진흙이 깔린 곳
먹이 잡식성
알 낳는 때 4~6월
분포 중국, 대만

■ 진한 갈색 줄이 옆줄을 따라 꼬리까지 이어진다. 보통 참붕어를 토종 붕어로 알지만 전혀 다른 물고기다.

<table>
<tr><td colspan="2">잉어과</td></tr>
</table>

크기 6~8cm
사는 곳 수초 지대
먹이 잡식성
알 낳는 때 4~6월
분포 중국, 일본

참붕어 *Pseudorasbora parva*

전국에 산다. 은백색 몸에 입이 뾰족하다. 비늘에 초승달 모양의 작은 무늬들이 띠를 이루어 금속 광택이 나는 갑옷을 입은 듯한 느낌이 든다. 옆줄을 따라 진한 갈색 줄이 있고, 지느러미에 무늬가 없다. 참붕어는 간디스토마의 중간 숙주다. 암컷이 돌 표면에 알을 낳으면 수컷이 지킨다.

□ 혼인색을 띤 수컷은
   등지느러미가 꼬리지느러미를
   넘어간다.(위)
□ 암컷(왼쪽)
□ 세력권을 다투는 수컷들.(오른쪽)

버들붕어 *Macropodus ocellatus*

몸이 옆으로 납작하며, 누런빛을 띤 갈색에 진한
녹색 얼룩무늬가 있다. 등지느러미와 뒷지느러미가
길다. 번식기가 되면 수컷은 등지느러미와 뒷지느
러미에 붉은색과 카키색이 깔린 혼인색을 띤다. 수
컷이 수면에 거품집을 짓고 암컷을 유인해 알을 낳
으면 암컷을 쫓아 내고 알을 지킨다.

버들붕어과

크기 5~7cm
사는 곳 수초 지대
먹이 수서곤충, 물벼룩
알 낳는 때 6~8월
분포 중국, 일본

고향을 찾아오는
물고기

민물과 바다를 오가며 사는 물고기가 있다. 민물에서 살다가
알을 낳으러 바다로 내려가는 것도 있고, 반대로 바다에서 살다가
알을 낳으러 민물로 올라오는 물고기도 있다. 바다에서 자라 알을
낳으러 민물로 올라오는 물고기들은 태어난 곳으로 돌아와 알을
낳고 죽는다. 이들 중에는 연어처럼 지구 반 바퀴나 떨어진 곳에
살다가 자신이 태어난 곳으로 정확히 찾아오는 것도 있다. 그러나
태어난 곳으로 어떻게 돌아올 수 있는지는 정확히 알려진 바 없
다. 민물과 바다를 오가는 물고기들은 염분 농도를 조절하기 위해
민물과 바다가 섞이는 기수 지역에서 적응 기간을 거친다.

□ 드렁허리와 비슷하나 지느러미가 있다.(위)
□ 입이 위로 향했다.(아래)

뱀장어 *Anguilla japonica*

삼척 오십천 북쪽의 하천을 제외한 전국에 고루 분포했으나, 하구둑과 댐 등을 건설하면서 이동 통로가 막혀 자연에서 보기 힘들어졌다. 몸은 길고 원통형이다. 필리핀 마리아나 해구에서 부화하여 민물로 올라와 4~5년 자란 뒤 알을 낳기 위해 바다로 돌아간다. 진흙 속에 구멍을 파고 산다.

뱀장어과

크기 60~100cm
사는 곳 돌 틈, 진흙이
　　　　깔린 곳
먹이 물고기, 수서곤충 등
알 낳는 때 알려지지
　　　　　않음
분포 중국, 일본, 대만

- 전국의 대형 댐이나 저수지 등에 살며, 번식기가 되면 상류로 올라간다.(위)
- 무리지어 생활한다.(왼쪽)
- 알을 낳고 죽은 빙어.(오른쪽)

바다빙어과	
크기	8~15cm
사는 곳	물 흐름이 느리거나 정체된 곳
먹이	작은 새우, 요각류
알 낳는 때	2~3월
분포	일본, 알래스카

빙어

여름에는 깊은 곳에서 살다가 겨울이 되면 수면으로 이동해 생활하고, 알 낳을 때가 되면 얕은 개울로 가서 모래 바닥에 무리지어 알을 낳고 방정한다. 원래 바다에 살다가 알을 낳기 위해 민물로 오며, 1925년 함경남도 용흥강에서 빙어 알을 채집해 치어를 확보한 뒤 전국으로 확산되었다.

□ 번식기가 되면 수컷은 뾰족한 입이 심하게 휘고, 이빨도 날카로워진다.

연어 *Oncorhynchus keta*

바다에 살다가 알을 낳기 위해 자기가 알에서 깨어난 강으로 돌아온다. 연어는 민물에서 부화하여 3~4cm 자란 뒤에 바다로 간다. 알을 낳으러 오는 연어는 아무것도 먹지 않으며, 자갈 바닥에 알을 낳은 뒤 곧 죽는다. 인공 부화하여 양양 남대천 등 동해로 흐르는 강에 방류해 양식한다.

연어과

크기 60~100cm
사는 곳 돌 틈, 진흙이 깔린 곳
먹이 물고기, 수서곤충
알 낳는 때 알려지지 않음
분포 중국, 일본, 대만

1 혼인색을 띤 암컷. 2 알을 낳고 죽은 연어. 3 치어

□ 무리지어 계류를 오른다.

은어 *Plecoglossus altivelis*

몸은 은백색 바탕에 엷은 갈색을 띤다. 입이 크고 두꺼우며 돌기가 있어 부착조류를 잘 먹는다. 가을에 알을 깨고 나온 치어는 바다로 내려가 겨울을 나고, 3~4월에 하천 상류로 올라와 자란 뒤 9~10월에 하구로 내려가 자갈 바닥에 무리지어 알을 낳고 죽는다. 세력권 안에 들어오는 고기는 모두 내쫓는다.

바다빙어과	
크기	20~30cm
사는 곳	자갈이 깔린 곳
먹이	부착조류
알 낳는 때	9~10월
분포	일본, 중국, 대만

1 번식기의 은어 무리. 2 부착조류를 긁어 먹기에 알맞은 입. 3·4 알을 낳고 죽은 은어.

□ 번식기가 되기 전에는 바다에 산다.

황어 *Tribolodon hakonensis*

바다에 살다가 3월 무렵 알을 낳기 위해 동해와 남해로 흐르는 강을 타고 올라온다. 바다에 살던 황어는 은빛 도는 갈색인데, 번식기가 되면 누런색이 되며 옆줄을 따라 굵고 검은 줄이 생긴다. 알에서 깬 치어는 삼투압 조절을 위해 바다와 민물이 합쳐지는 기수 지역에 잠시 머문 뒤 바다로 내려가 자란다.

잉어과

크기 25~40cm
사는 곳 바다
먹이 잡식성
알 낳는 때 3~4월
분포 일본, 사할린

1 밤에 자갈 바닥에 알을 낳는다. 2 물 위에서도 산란 광경을 볼 수 있다. 3 황어 알.

혼인색을 띤 것.

외국에서 들여 온
물고기

댐이나 호수, 저수지 등에는 농어촌 소득 증대와 어자원 증식을 목적으로 외국에서 들여 와 방류한 물고기가 많다. 이들 중에는 시간이 흐르면서 우리 환경에 너무 잘 적응해 문제를 일으키는 것도 있다. 한 지역에 사는 토착종들은 오랜 세월 동안 그 환경에 적응하며 진화했다. 그런데 외래종이 갑자기 나타나면 생각지 못한 문제가 발생할 수 있다. 경쟁에서 외래종이 이기면서 생태계 균형이 깨지고 토착종이 사라지는 것이다. 새로운 어종을 도입하기 전에 환경 영향 평가 같은 조사를 철저히 거쳐야 하는 것도 이 때문이다. 베스 같은 외래종은 전국에 퍼져 토착종의 생존을 크게 위협한다.

■ 혼인색을 띤 것.(위)
■ 바닷물고기 도미와 비슷하며, 아가미 뒤에 푸른 점이 있다.(아래)

블루길 *Lepomis macrochirus*

몸이 납작하고 높다. 꺽지처럼 아가미 뒤에 푸른 점이 있다. 1969년 수산청이 도입해 팔당호에 방류했으며, 번식력이 강해 인근 강까지 빠르게 확산되었다. 식성도 좋아 치어, 새우 등을 많이 잡아먹는 바람에 수서 생태계에 큰 위협이 된다. 수컷이 바닥에 알 낳을 곳을 만든다.

검정우럭과

크기 15~25cm
사는 곳 저수지나 강, 댐의 수초 지대
먹이 물고기, 새우 등
알 낳는 때 4~6월
분포 북아메리카

■ 블루길과 함께 토종 물고기를 감소시키는 대표적인 외래종이다. 1973년 수산청에서 '어자원 조성'의 일환으로 미국에서 들여 와 대량 증식한 뒤 강에 방류했다.

검정우럭과

크기 30~60cm
사는 곳 돌이 많은 수초 지대
먹이 물고기, 새, 개구리 등
알 낳는 때 5~6월
분포 전 세계

베스 *Micropterus salmoides*

전국 강에 고루 산다. 머리가 크고, 아래턱이 위턱보다 길다. 은빛 도는 푸른색 몸에 옆줄을 따라 녹색 줄이 있고, 등 쪽에 구름 같은 반점이 있다. 식성이 좋아 물고기 외에 개구리나 뱀, 새까지 잡아먹는다. 수컷이 알 낳을 곳을 만들면 암컷이 알을 낳고 수컷이 지킨다.

□ 화상 흉터 같은 비늘이 불규칙적이다.(위)
□ 잉어와 비슷하지만, 몸이 높고 통통하다.(아래)

이스라엘잉어 *Cyprinus carpio*

전국에 살며, 향어라고도 불린다. 비늘은 없거나 드
문드문 불규칙하게 있다. 1937년 양식을 위해 이스
라엘에서 1,000마리를 들여 와 댐과 호수에서 가두
리 양식을 했다. 양식장을 벗어난 것들이 자연에서
번식해 발견되기도 한다. 물풀에 무리지어 알을 낳
고 방정한다.

잉어과

크기 30~60cm
사는 곳 진흙이 깔린 곳
먹이 잡식성
알 낳는 때 5~7월
분포 전 세계

ㅁ눈불개와 비슷하지만, 눈이 붉지 않다.

잉어과

크기 50~100cm
사는 곳 수초 지대
먹이 수초, 풀, 나뭇잎
알 낳는 때 6~7월
분포 전 세계(양식)

초어 *Ctenopharyngodon idellus*

대형 물고기로 습성은 잉어와 비슷하다. '어자원 조성'용으로 대만, 일본 등지에서 들여 와 낙동강과 소양댐에 방류했으나 아직 자연 번식이 이루어진 증거는 없다. 수초나 부드러운 식물을 먹어 제초 목적으로 저수지에 방류하기도 한다. 모래나 진흙 바닥에 알을 낳는다.

□ 다 자라서 파-마크가 거의 보이지 않는다. 산천어는 어릴 적 특징인 파-마크가 그대로 남아 있지만, 무지개송어는
　자라면서 사라진다.

무지개송어 *Onchorhynchus mykiss*

바다에 살다가 알을 낳기 위해 계곡까지 올라오는
회유성 대형 물고기다. 자연에서 발견되는 무지개
송어는 1965년 양식용으로 들여 온 외래종으로, 양
식장을 벗어나 자연에 적응했다. 자갈에 무리지어
알을 낳고 방정한다.

연어과

크기 60~80cm
사는 곳 자갈이 깔린 곳
먹이 수서곤충, 갑각류,
　　물고기, 다슬기 등
알 낳는 때 10~11월
분포 서북아시아,
　　태평양 연안

1 파ー마크가 없는 성어(오른쪽)와 파ー마크가 남은 치어(왼쪽). 2 양식장

찾아보기